中国建筑业BIM应用分析报告（2022）

《中国建筑业BIM应用分析报告（2022）》编委会　著

中国建筑工业出版社

图书在版编目（CIP）数据

中国建筑业BIM应用分析报告. 2022 /《中国建筑业BIM应用分析报告（2022）》编委会著. — 北京：中国建筑工业出版社，2022.11

ISBN 978-7-112-28122-0

Ⅰ. ①中…　Ⅱ. ①中…　Ⅲ. ①建筑工程–应用软件–研究报告–中国–2022　Ⅳ. ①TU–39

中国版本图书馆CIP数据核字（2022）第206954号

责任编辑：杜　洁　兰丽婷　徐仲莉
责任校对：赵　菲

中国建筑业BIM应用分析报告（2022）

《中国建筑业BIM应用分析报告（2022）》编委会　著

*

中国建筑工业出版社出版、发行（北京海淀三里河路9号）
各地新华书店、建筑书店经销
北京锋尚制版有限公司制版
北京中科印刷有限公司印刷

*

开本：787毫米×1092毫米　1/16　印张：10½　字数：256千字
2022年11月第一版　　2022年11月第一次印刷
定价：50.00 元

ISBN 978-7-112-28122-0
　　（40238）

本书编委会

顾　　问：齐　骥

主　　编：吴慧娟　刘锦章　朱正举　袁正刚　汪少山

执行主编：赵　峰　王鹏翊

副 主 编：王承玮　石　卫　崔旭旺　王和义　王兴龙

专家委员：

马智亮　刘济瑀　杨晓毅　胡立新　梁志峰　崔　满　赛　菡

马西锋　白　梅　孙　彬　赵　欣　何其飞　于晓明　黄锰钢

彭前立　张　宁　李卫军　范　佳

编委会委员：

蒋　艺　王一力　赵保东

编写组成员（按首字母排序）：

曹仁杰　陈　磊　程福周　崔仕杰　崔　永　丁　星　房建华

高攀岭　黄　瑞　李伟强　林学明　刘　阳　彭书凝　乔桂茹

齐　馨　任有保　舒红斌　田文攀　万仁威　王春涛　王　闯

王思涛　王银武　徐　宁　邢建锋　徐荣华　闫文凯　杨智明

郁　葱　张　佩　郑志惠　朱　清

主编单位：

中国建筑业协会　　　　　　　　广联达科技股份有限公司

副主编单位：

北京市建筑业联合会　　　　　　天津市建筑业协会

河北省建筑业协会　　　　　　　山西省建筑业协会

内蒙古自治区建筑业协会　　　　辽宁省建筑业协会

吉林省建筑业协会　　　　　　　黑龙江省建筑业协会

上海市建筑施工行业协会　　　　江苏省建筑行业协会

浙江省建筑业行业协会　　　　　安徽省建筑业协会

江西省建筑业协会　　　　　　　福建省建筑业协会

山东省建筑业协会　　　　　　　河南省建筑业协会

湖北省建筑业协会　　　　　　　湖南省建筑业协会

广东省建筑业协会　　　　　　　广西建筑业联合会

海南省建筑业协会　　　　　　　重庆市建筑业协会

四川省建筑业协会　　　　　　　贵州省建筑业协会

云南省建筑业协会　　　　　　　西藏自治区建筑业协会

陕西省建筑业协会　　　　　　　甘肃省建筑业联合会

青海省建筑业协会　　　　　　　宁夏建筑业联合会

新疆维吾尔自治区建筑业协会　　宁波市建筑业协会

温州市建筑业联合会　　　　　　成都市建筑业协会

中国铁道工程建设协会　　　　　中国公路建设行业协会

中国水运建设行业协会　　　　　中国电力建设企业协会

中国煤炭建设协会　　　　　　　中国冶金建设协会

中国有色金属建设协会　　　　　中国化工施工企业协会

参编单位：

中国建筑一局（集团）有限公司

中国建筑第二工程局有限公司

中国建筑第七工程局有限公司

中建一局华江建设有限公司

中建三局基础设施建设投资有限公司

中建七局建筑装饰工程有限公司

中国二十冶集团有限公司

中国土木工程集团有限公司

中国铁建大桥工程局集团有限公司

中国电建市政建设集团有限公司

上海建工集团股份有限公司

河南五建建设集团有限公司

甘肃第六建设集团股份有限公司

厦门特房建设工程集团有限公司

深圳市天健建工有限公司

湖北国际物流机场有限公司

江苏省苏中建设集团股份有限公司

中天建设集团有限公司

郑州市第一建筑工程集团有限公司

河南科建建设工程有限公司

澳马建筑工程有限公司

序 一

党的二十大提出要坚持以推动高质量发展为主题，推进新型工业化，加快建设制造强国、质量强国、航天强国、交通强国、网络强国、数字中国。

在党的二十大精神指引下，建筑业将坚持创新驱动、科技引领，进一步推动行业转型升级和高质量发展。建筑业工作的着力点仍然要坚持工业化、绿色化和智能化：大力推广装配式建筑，把大量现场作业转移到工厂进行，实现"工厂制造、工地建造"；创新技术和材料，减少施工能耗和物耗，推广绿色建筑；将BIM为核心的数字技术与传统建筑业深度融合，加快推进建筑业数字化转型，打造建筑业全产业链贯通的智能建造产业体系和建筑产业互联网平台。

为了更好地实现建筑业的数字化转型升级，促进BIM技术逐步与新型建造方式和组织模式深度融合，使其成为实现转型升级和高质量发展的关键技术，需要注意三个方面：第一，营造良好的BIM应用环境，帮助建筑业企业在应用BIM技术的过程中，通过更多场景、更多协同来探索适合自己的应用方法。第二，鼓励国产化BIM软件及相关设备的研发应用，解决BIM作为数据载体面临的数据安全问题和关键技术的"卡脖子"问题。第三，培养既懂业务又懂技术的复合型BIM应用人才，并为之提供合理的成长空间与通道。

中国建筑业协会重视推动BIM技术在建筑业的应用，至今已连续6年组织编写《中国建筑业BIM应用分析报告》，不断地总结和探索，为广大BIM从业者和建筑业企业推进BIM技术的应用提供方法，持续助力建筑业在新时代的高质量发展。

中国建筑业协会会长
住房和城乡建设部原副部长

序　二

　　经过多年探索实践，BIM越来越广泛地应用于工程项目建设，在单点及综合管理中的应用价值已经逐步凸显，当然也存在与项目、企业管理融合深度不足，价值评价缺乏系统性等一些问题。当前阶段，建筑行业为适应高质量发展要求涌现出更多新型组织模式与建造方式，这也对BIM技术在建筑业的应用提出了新的需求：BIM要更大发挥其工程项目数据载体和协同性作用，为支撑下阶段行业发展提供技术保障。

　　例如，近年来关于推进工程总承包（EPC）模式的政策频出，并由尝试摸索逐步进入加速推动状态，逐步形成以工程总承包企业为核心、相关领先企业深度参与的开放型产业体系。EPC模式需要打破以往各参与方、各流程之间彼此平行、相互分离的状态，做到设计施工一体化，这从客观上要求施工总承包企业在建造过程中积累BIM能力，提升企业设计管理，强化信息集成，充分发挥BIM在建筑全过程、全要素、全参与方的协同作用。在BIM应用过程中，提升模型的复用性和轻量化水平尤为重要。这对企业来说，也是一个持续提高BIM应用能力、提升项目精细化管理水平的过程。

　　此外，现代工程项目建设正朝着大型化、复杂化和多样化方向发展，对企业的资源调配能力提出要求，而日趋激烈的市场竞争也对企业经营管理水平的要求越来越高。企业要加速变革，实现集约化经营必然需要各业务线之间的协同配合，而BIM在各阶段数据建模、成本计算、施工模拟、协调采购、施工进度等方面具有先天优势。如在施工算量方面，BIM能够在工程建设过程中全面准确地对造价以及工程量进行数据分析，可以有效地反映出其成本，从而对工程造价进行控制，减少不必要的预算支出。

　　数字经济时代的到来，将数据安全的重要性推向前所未有的新高度。要想在未来的发展与竞争中占据主动，就必须主动出击，破解"卡脖子"技术难题，掌握拥有自主知识产权的核心技术。在工程建设领域，一些重要、重大工程的数据安全极为重要，作为工程数据载体的BIM软件要加快国产化进程，加强BIM图形引擎的自主研发显得尤为重要和紧迫。

　　技术永无止境。作为支撑建筑业高质量发展的关键技术，BIM的持续迭代、优化和升级是一个艰巨而漫长的过程，需要我们广大的建筑业从业者共同参与和坚持。只有在坚持中不断摸索，在实践中逐一求证，才能使BIM逐渐走向成熟，在实际应用中发挥出越来越大的价值。广联达作为数字化使能者，一直以来都在积极推进BIM图形平台的自主研发和应用推广，凭借自身技术优势承担行业责任，助力行业发展。

广联达科技股份有限公司总裁

前　言

当前是我国乘势而上为实现第二个百年目标而奋斗的关键时期，是各行各业迎接挑战抓住机遇的历史时刻。住房和城乡建设部颁发《"十四五"建筑业发展规划》强调加快推进建筑信息模型（BIM）技术在工程全寿命期的集成应用，健全数据交互和安全标准，强化设计、生产、施工各环节数字化协同，推动工程建设全过程数字化成果交付和应用。

为了深入了解、持续追踪中国建筑业BIM应用的现实情况，中国建筑业BIM应用分析系列报告自2017年始，已连续6年针对中国建筑业BIM应用发展情况进行了总结，为建筑业企业BIM应用开拓思路，坚定建筑业企业BIM应用信心，形成了一定的价值沉淀和行业影响力。现在，编委会反身回顾前5年的推进与发展，更为关注国家政策及行业动向对于BIM技术及应用发展的影响，更倾向于听取行业专家及BIM应用先锋型企业高层对于BIM技术在企业内部推广应用的观点与经验，在宏观的层面探讨BIM面临的挑战与机遇。而当下BIM应用在施工领域进入持续爬坡状态，企业BIM应用价值评价难，以及其带来的不同层级BIM相关从业者的职业焦虑成为更现实的问题。

在《中国建筑业BIM应用分析报告（2022）》（以下简称《报告》）的前期行业调研与筹备过程中，编委会感受到当前的行业现实状况是BIM技术应用与发展进入理性期，遵循新技术发展摩尔曲线规律，现阶段客观评价BIM应用价值是BIM技术发展跨越鸿沟的关键。一些企业BIM应用的持续性不错也感受到了价值，但更希望BIM的应用能结合业务场景落地，更多企业还在如何评价价值的环节无所举措。同时随着国际形势的变化，软件国产化逐步掀起行业讨论热潮，BIM自主图形平台、引擎拉动BIM市场替换，数据安全性得以提高。

故此，《报告》的重点在延续行业调研、沉淀行业数据资产的同时，编委会更聚焦于向行业展示专家、企业内不同层级——从企业、项目到应用层面不同人群——对于BIM应用现状的态度与看法，企业对于BIM价值评价的体系建设与方式方法的探索，以更细微、深入、系统地探讨BIM发展之路。

在这里，读者可以读到清华大学土木工程系教授马智亮、北京市建筑设计研究院有限公司数字总监刘济瑀等专家对于BIM技术在工程全寿命周期集成应用、国产化技术应用对建筑业企业发展带来的影响、BIM技术创新及场景应用趋势等方面的观点。

行业专家的观点更为宏观与前瞻，为了能从对个体感受的关照中寻求BIM应用的现状，以便更立体地呈现行业声音，编委会还采访了企业内BIM相关从业者，例如《报告》的老朋友——上海建工集团总承包部信息中心主任崔满、中建交通建设集团有限公司科技质量设计部副总经理赛菡，从其自身感受出发探讨企业及项目推进BIM应用过程中的困难与阻碍，BIM应用主要价值及评价方法、参与各方应如何就价值达成认可和共识，BIM国产化、应用场景发展趋势对从业者自身产生哪些影响及要做何种应对准备等。

为了避免陷于某一企业中个人的感受和经验，编委会还延请到BIM行业媒体、BIM咨询、BIM认证等领域，接触面更为广泛的BIM专家进行相关问题的探讨，以期能有一种尽可能全面和客观的感知。

在BIM应用价值评价方面，行业尚未有统一的认知，或者说公允的评价方式，那么提供不同性质、规模与发展阶段企业BIM应用价值方法的"个体案例"以供读者参考是当前较为妥当和有价值的选择。在《报告》中，编委会为大家呈现了中建一局、中建二局、中建一局华江公司、中建七局建筑装饰工程有限公司等不同领域、不同层级的央企；上海建工集团股份有限公司、厦门特房建设工程集团有限公司、深圳市天健第二建设工程有限公司等地方国企；中天建设集团、河南科建建设工程有限公司、郑州市第一建筑工程集团有限公司等民营企业的BIM应用评价标准和规则。

在《报告》的最后，编委会在第六届中国建设工程BIM应用大赛的一类成果中挑选了多种工程类型的BIM应用案例，以供读者借鉴。项目类型涵盖住宅、医院、大型场馆等民用设施，装配式建筑项目，及市政管廊、跨海大桥等基建项目。

《报告》客观呈现了BIM应用现状，探讨了当前阶段行业、企业面临的BIM应用的难点与关键点，同时呈现出不同层级与角色的个体在行业发展趋势下的多重思考。在此，编委会衷心感谢众多行业组织、行业专家和广大BIM从业者为《报告》作出的贡献，也希望能通过《报告》的出版发行，为培养行业对于技术、知识的热情及对从业者的尊重作出一些积极的影响，营造出一个健康、活跃的行业态势。

目 录

第1章　BIM技术应用情况概述

为全面、客观、具有延续性及实时性地反映我国建筑业中BIM的应用情况，本报告编写组展开第6次对全国建筑业企业BIM应用情况问卷调研。本章节主要呈现本次的调研数据和分析成果，并结合连续6年的调研数据分析BIM的应用变化与发展趋势。

1.1　BIM技术应用整体情况概述

本次调研共回收有效问卷700份；问卷回收渠道及方式涵盖"建筑业企业定向调查"与"电话与短信调查"等形式；调研对象覆盖设计、施工、业主、咨询等不同企业的BIM应用相关人员；人群岗位涉及企业主要负责人、企业信息化/数字化部门负责人、企业BIM中心人员及项目核心管理团队、项目BIM中心人员等建筑业企业BIM应用各相关层级。

根据调研数据可以看出施工企业仍然是BIM应用的主要力量。BIM在建筑业的发展，呈现出BIM与更多数字技术融合进步，与业务场景深度结合拓宽应用覆盖范围的特点，应用价值逐步得到验证。也正是因为这些更深的探索、更普及的应用、更广泛的链接使得行业整体认知提升，企业态度趋于理性的积极。下文将具体从调研背景、数据分析、变化总结来解析当下建筑业BIM应用情况。

此次700位建筑业从业者来自31个省、市、自治区。其中北京、山东依然占据前两名，分别为11.14%和10.71%。此外，超过5%的区域还有天津、广东、广西、河南、陕西、江苏。如图1-1所示。

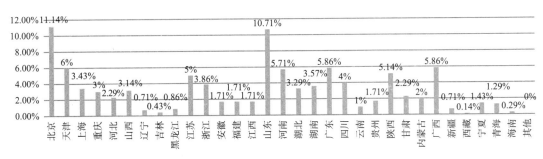

图1-1　调研对象区域分布

从单位类型来看，此次调研对象中来自施工企业的占比81.57%；咨询企业与设计企业依然延续了去年的情况，调研对象占比分别为6.29%和5.86%；专业承包占比3.29%；此外业主方与施工劳务参与调研人数相当，占比0.71%。如图1-2所示。

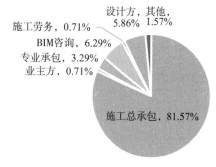

图1-2 调研对象单位类型分布

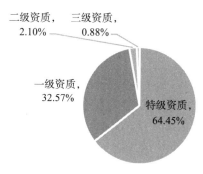

图1-3 施工总承包企业的资质情况

进一步统计表明，在施工总承包企业中，64.45%的调研对象来自特级资质施工企业，32.57%调研对象来自一级资质的施工企业；二级和三级资质企业分别占比2.1%和0.88%。如图1-3所示。

从调研对象所属企业的性质来看，国有企业依然是主体，其中央企占比36%，地方国企占比30.14%；民营企业占比30.14%；有很少一部分外资或合资企业。如图1-4所示。

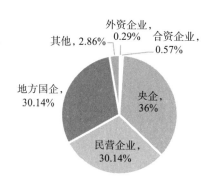

图1-4 企业性质

从调研对象所在企业的2021年营业收入情况来看，处于10亿~50亿元的企业占比最多，为20%；其次是营收在51亿~100亿元的企业，占比19.14%；营收10亿元以下的企业占比紧跟其后，为18.86%；101亿~200亿元的企业所占比例处于中间位置，为13.57%；此外营收在201亿~500亿元，501亿~1000亿元，1000亿元以上的企业比例持平，均在9%~10%。如图1-5所示。

从调研对象工作角色来看，主要以集团/分公司BIM中心负责人为主。按照公司岗位划分，集团/分公司BIM中心负责人和技术人员合计占比超53%，分别占比32.71%和20.57%；此外占比较高的还有项目BIM中心负责人、技术人员和集团/分公司部门负责

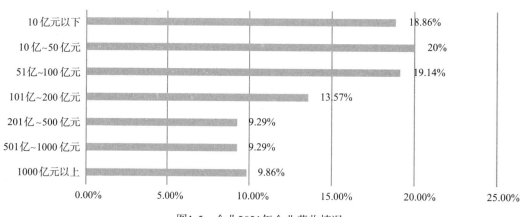

图1-5 企业2021年企业营收情况

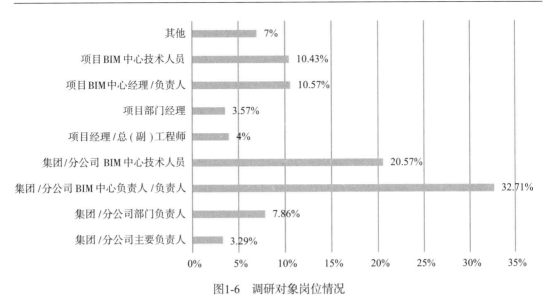

图1-6　调研对象岗位情况

人，分别占比10.57%、10.43%和7.86%。如图1-6所示。

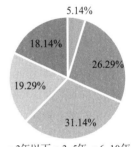

统计结果显示，调研对象中，工作年限在6~10年的人员最多，占比31.14%，略高于2021年；其次是工作年限3~5年，占比26.29%，比2021年增加3个百分点，一定程度上说明更多的年轻人进入BIM相关领域；拥有15年以上工作经验的人员占比18.14%，略有降低；11~15年工作经验的人员占比19.29%；3年以下工作经验的调研对象占5.14%。如图1-7所示。

综上，参与本次调研的调研对象以施工总承包单位为主，其中以具有一级及以上资质的企业居多，在企业性质上以国有企业为主，基本与历年情况相同；工作角色方面与2021年几无

图1-7　调研对象工作年限

变化，主要以集团/公司从事BIM技术应用相关工作的管理层和技术人员为主，以项目从事BIM技术应用相关工作的管理层和技术人员为辅；在调研对象工作年限层面，人群仍然集中在6~10年工作经验，15年以上工作经验人员持续降低，有一定从业经验的年轻人更多涌入BIM相关领域。

1.2　BIM技术应用现状分析

从企业BIM应用时间上看，已应用5年以上的企业比例仍然最高，为56.86%，较2021年增长9个百分点，2021年此数据为47.83%；其次是应用3~5年的企业，占比28.86%；应用1~2年的企业占比7.14%；应用不到1年的企业占比2%；未应用的企业占比2.14%，较2021年降低近3个百分点。如图1-8所示。

从应用BIM技术的企业态度来看，行业对于BIM价值的认可得到了进一步的发展，建筑业从业者均认为应该使用BIM技术，且未应用BIM技术的从业者对BIM的期待大幅提升；已经应用的从业者认为应该应用，占比为80.15%，未应用过的认为应该应用的占比

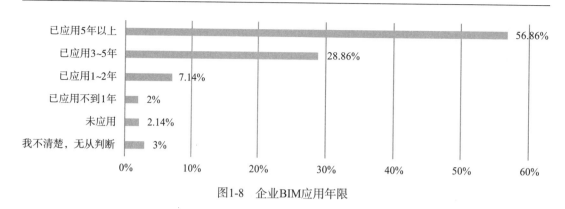

图1-8　企业BIM应用年限

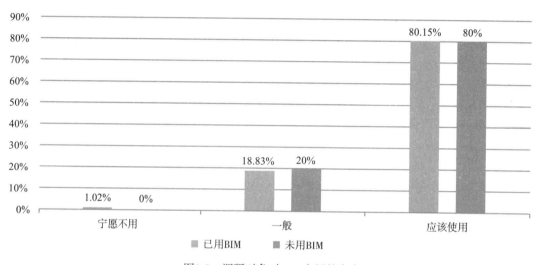

图1-9　调研对象对BIM应用的态度

80%，这一数值在2021年仅为64.29%；近几年行业中BIM态度逐渐理智和冷静的局面有所松动。如图1-9所示。

　　从企业应用BIM技术的项目数量来看，大多数企业开展BIM应用的项目数量仍然停留在10个以下，占比37.81%；10~20个已开工项目应用BIM技术的调研对象占19.85%；有18.1%的调研对象应用BIM技术的已开工项目在50个以上；此外，30~50个已开工项目应用BIM技术的调研对象占6.86%；20~30个已开工项目应用BIM技术的调研对象占8.91%。已开工项目在50个以上的企业占比持续提升，企业在应用BIM技术的规模上持续扩大。如图1-10所示。

　　今年，编写组出于对企业性质、规模、发展阶段不同等因素的考虑，依然对企业BIM技术应用比例进行了调研。有14.45%的企业在项目上全部应用了BIM技术；16.64%的企业在项目上应用BIM技术的比例超过75%；21.17%的企业在项目上应用BIM技术的比例超过50%；16.5%的企业在项目上应用BIM技术的比例超过25%；27.01%的企业在项目上应用BIM技术的比例低于25%。如图1-11所示。

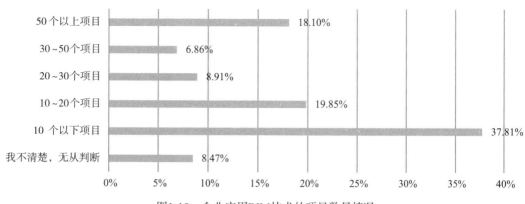

图1-10 企业应用BIM技术的项目数量情况

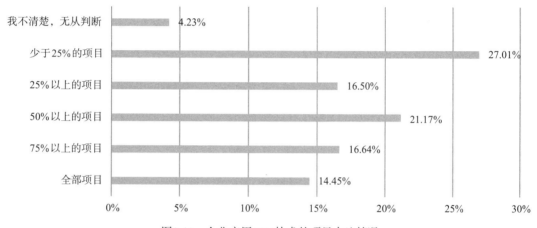

图1-11 企业应用BIM技术的项目占比情况

　　根据进一步调查，在BIM应用3年以上的企业中，随应用时间增长，大多数企业应用BIM技术的项目数量和比例都在稳步增加，占比49.67%；有24.67%的企业处于大幅增加状态；每年应用BIM技术的项目数量大体保持不变的企业占比20.17%；应用BIM技术的项目数量和比例逐渐减少的企业占比5.5%。如图1-12所示。

　　在企业的BIM资金投入方面，投资资金在100万~500万元的企业仍然是最多的，占比24.53%；其次是500万元以上的企业，占比18.39%；投入50万~100万元的企业数量与投入500万元

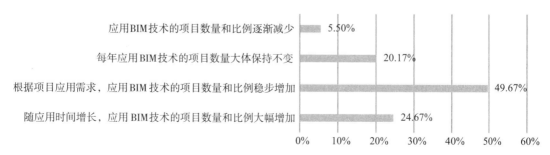

图1-12 企业应用BIM技术的项目占比变化情况

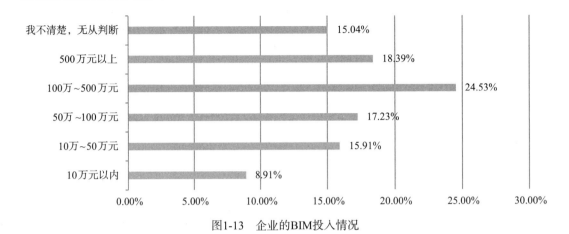

图1-13　企业的BIM投入情况

以上企业相当，占比17.23%；再次是投入10万~50万元的企业，占比15.91%。如图1-13所示。

　　进一步数据分析显示，BIM应用3年以上的企业，有52.17%的企业层每年在BIM应用上的投入逐年增长；有24.5%的企业层每年在BIM应用上投入保持不变；企业层在BIM应用上的投入主要在前期，后续没有持续的企业占比15.5%。如图1-14所示。

　　从项目类型层面来看，公用建筑和居住建筑类房建项目仍然是BIM应用的主要阵地，两类分别占比84.38%、67.45%；基础设施建设

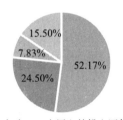

■ 企业层每年在BIM应用上的投入逐年增长（52.17%）
■ 企业层每年在BIM应用上投入保持不变（24.50%）
■ 企业层每年在BIM应用上的投入逐年降低（7.83%）
■ 企业层在BIM应用上的投入主要在前期，
　 后续没有持续投入（15.50%）

图1-14　企业的BIM投入趋势

和工业建筑中应用BIM企业占比持续升高，分别占比59.56%和43.74%。如图1-15所示。

　　对于非业主方来讲，关于BIM应用的项目情况，项目类型构成变化不大，变化体现在所占比例中。项目集中在甲方要求使用BIM的项目、有评奖或认证需求的项目、建筑物结构非常复杂的项目、需要提升公司品牌影响力的项目等，分别为82.35%、79.56%、

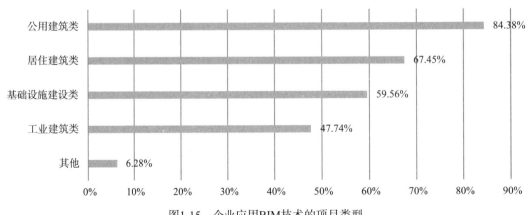

图1-15　企业应用BIM技术的项目类型

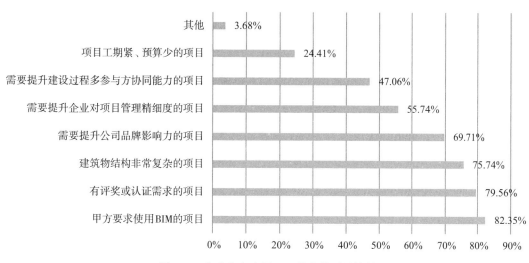

图1-16 非业主方应用BIM技术的项目情况

75.74%和69.71%，比例均有增加；因为需要提升企业对项目管理精细度的项目、提升建设过程多参与方协同能力的项目、解决项目工期紧预算少的项目而应用BIM技术的企业占比较2021年有所下降，分别为55.74%、47.06%、24.41%。如图1-16所示。

对于业主方来讲，应用动因主要为建筑物结构非常复杂，项目工期紧、预算少，占比均为80%；有评奖或认证需求、需要提升企业对项目管理精细度占比均为60%；需要提升公司品牌影响力的项目占比40%；而2022年需要提升建设过程多参与方协同能力选项却没有选择者。如图1-17所示。

进一步数据调研表明，BIM应用3年以上的企业在近些年中增加最多的前三类项目为甲方要求使用BIM的项目、有评奖或认证需求的项目、建筑物结构非常复杂的项目，占比分别为70.02%、64.99%和62.48%。如图1-18所示。

在BIM工作开展方式上，公司成立专门组织进行BIM应用是主体方式，占比79.42%；选择与专业BIM机构合作的占比持续下降，为12.85%；委托咨询单位完成BIM应用的企业占比4.96%。如图1-19所示。

在BIM组织的建设方面，有4.96%的企业还未建立BIM组织，相较2021年有所下降；公司和项目层BIM组织均已建立的企业占比最多，为40.58%；其次是已经建立公司层BIM

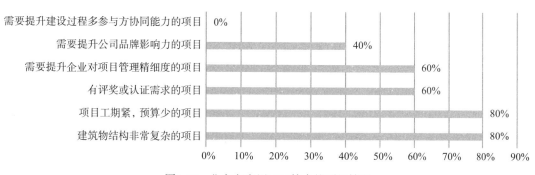

图1-17 业主方应用BIM技术的项目情况

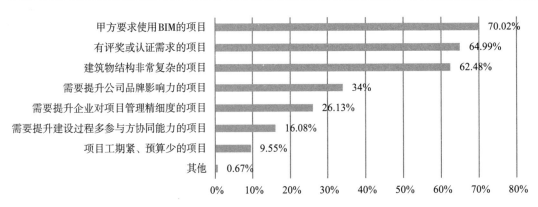

图1-18　非业主方企业近些年应用BIM技术增加最多的项目

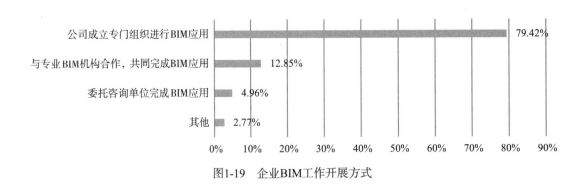

图1-19　企业BIM工作开展方式

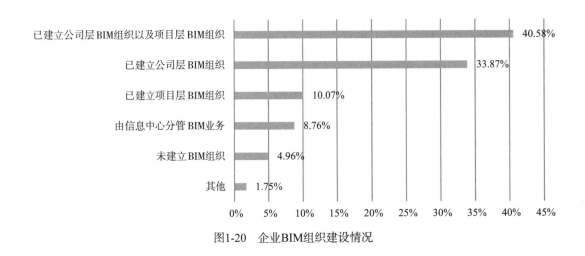

图1-20　企业BIM组织建设情况

组织的企业，占比为33.87%。企业在培养自身BIM能力上具有持续性。如图1-20所示。

对于创建BIM模型，87.88%的施工总承包企业会自行创建BIM模型，其中公司BIM相关部门负责创建的企业占比47.77%，由项目成立BIM工作组负责创建的企业占比40.11%。企业外包给建模公司创建BIM模型，用甲方或设计单位提供的BIM模型的企业较少，均占比5.17%。如图1-21所示。

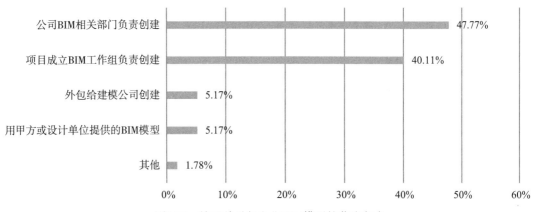

图1-21　施工总承包企业BIM模型的获取方式

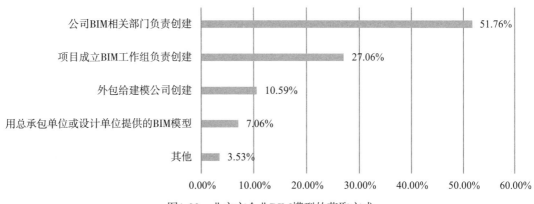

图1-22　业主方企业BIM模型的获取方式

　　而对于业主方，公司BIM相关部门负责创建BIM模型的企业占比51.76%，由项目成立BIM工作组负责创建的企业占比27.06%。企业外包给建模公司创建，用甲方或设计单位提供的BIM模型的企业较少，分别占10.59%、7.06%。如图1-22所示。

　　对于企业的BIM应用，在21类应用点中，有9类应用企业超过50%：基于BIM的碰撞检查（占比85.69%）、基于BIM的机电深化设计（占比76.64%）、基于BIM的图纸会审及交底（占比73.87%）和基于BIM的专项施工方案模拟（占比72.26%）、基于BIM的投标方案模拟（占比63.5%）、基于BIM的进度控制（占比59.42%）、基于BIM的工程量计算（占比55.77%）、基于BIM的质量管理（占比55.62%）、基于BIM的安全管理（占比52.7%）。如图1-23所示。

　　根据进一步数据调研，应用BIM 3年以上的企业近些年开展过的BIM应用增加最多的前三类应用分别是基于BIM的机电深化设计，占比53.50%；基于BIM的碰撞检查，占比44.50%；基于BIM的专项施工方案模拟，占比34.33%。此外，基于BIM的图纸会审及交底和基于BIM的投标方案模拟应用增加较多，分别为25.67%、28.83%。如图1-24所示。

　　统计显示，企业应用BIM更希望能得到的价值排在前三位是：提升企业品牌形象，打造企业核心竞争力（占比68.89%）；提高施工组织合理性，减少施工现场突发变化（占比

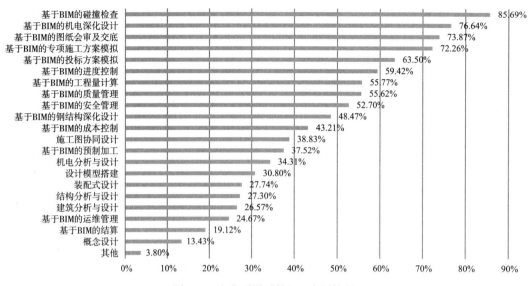

图1-23　企业开展过的BIM应用情况

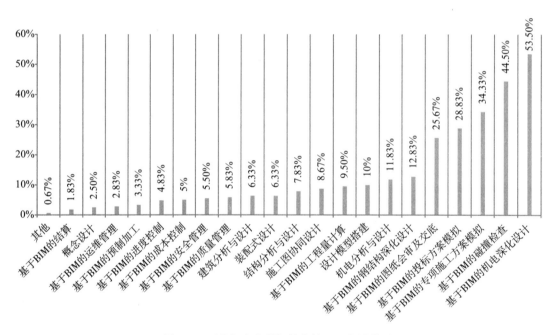

图1-24　近些年企业增加最多的BIM应用类型

64.71%）；提升项目整体管理水平（占比59.44%）。此外希望通过应用BIM提高工程质量的企业也超过50%，占比为53.87%。如图1-25所示。

　　当前企业应用BIM技术的重点工作中，大部分企业已经建立了BIM组织，重点在让更多项目业务人员主动应用BIM技术，占比40.88%；已经可以用BIM解决项目问题了，重点在寻找如何衡量BIM经济价值的企业占比28.32%；此外，有23.21%的企业项目业务人员已经开始主动应用BIM技术，重点在利用BIM应用解决项目难点问题。如图1-26所示。

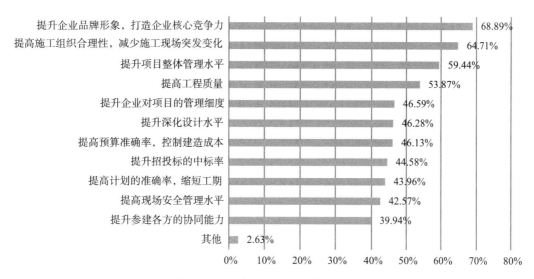

图1-25　企业应用BIM技术希望得到的价值

图1-26　企业现阶段BIM应用的重点

在对于BIM应用效果及价值的评价方面，当前行业现状并不乐观，根据数据分析，64.57%的企业并不具有相关评价标准或评价规则。如图1-27所示。

在企业BIM技术应用情况进行调研的同时，编写组同样对企业BIM软件应用情况进行了调研。调研中发现在BIM建模工具类软件中，Autodesk RevitCivil 3D、Infraworks等国际主流BIM软件仍一定程度上统治市场，占比88.18%；国产BIM品牌产品中广联达/广联达鸿业系列软件，应用占比51.68%；品茗系列软件，占比34.01%。如图1-28所示。

图1-27　企业建立BIM应用评价标准或规则情况

在BIM管理类软件中，企业最常用的产品为广联达BIM5D，占比51.68%；其次是Fuzor，占比39.27%；排在第三位的是Navisworks Manage占比36.50%；根据对"其他"选项的填写记录梳理，"自主研发类"占总量的4.29%。如图1-29所示。

对于BIM云平台，有65.69%的企业应用过该类品软件；正在使用并认为效果良好的企业占27.30%；正在使用认为效果一般的企业占比26.42%；用过但现在停止应用的企业占比11.97%。如图1-30所示。

用过但放弃使用云平台类产品的原因集中在没有发挥作用、缺乏相关费用预算、和公司业务不兼容等原因。如图1-31所示。

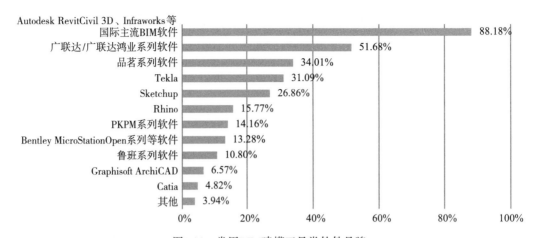

图1-28 常用BIM建模工具类软件品牌

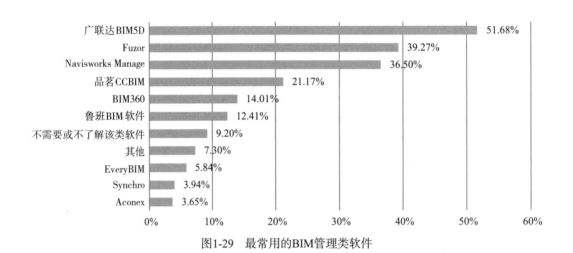

图1-29 最常用的BIM管理类软件

图1-30 BIM云平台类软件使用整体情况

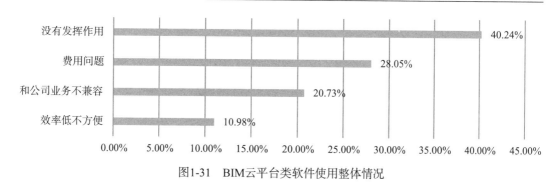

图1-31　BIM云平台类软件使用整体情况

进一步调查发现，应用过云平台的企业主要选择的软件为广联达BIM5D（占比27.56%）；其次是广联达协筑（占比14.22%）和品茗CCBIM（占比11.56%）。在"其他"选项的记录梳理中，多数为"自主研发"。如图1-32所示。

在企业对于国产BIM软件态度的相关调研中，企业已经有明确的关于使用国产化软件要求的占比16.50%；企业在自身条件允许情况下倾向于使用国产软件的占比54.01%；企业对此没有要求，更偏向于应用感受好的软件的占比29.49%。如图1-33所示。

在企业应用的国产BIM软件中，广联达系列软件占比56.06%；品茗系列产品和红瓦科技系列的应用度也很可观，分别占比42.34%和40.73%。此外，橄榄山、BIMFILM、天正系列、广联达鸿业应用占比也都超过20%。占比高于10%的软件还有PKPM系列、中望

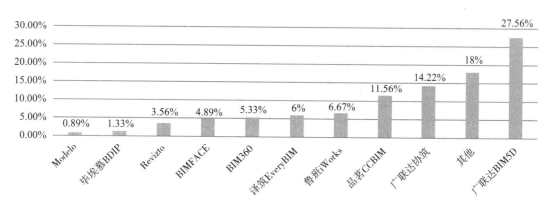

图1-32　BIM云平台类软件品牌分布情况

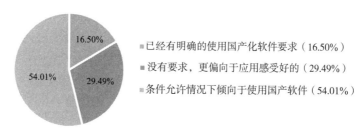

图1-33　企业使用国产软件的意愿情况

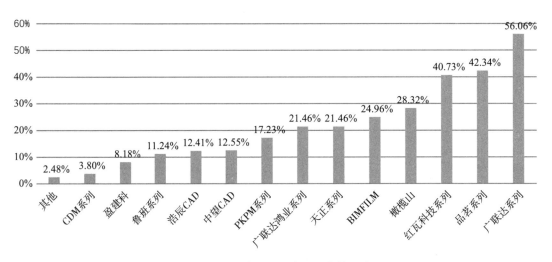

图1-34　企业应用的国产BIM软件品牌

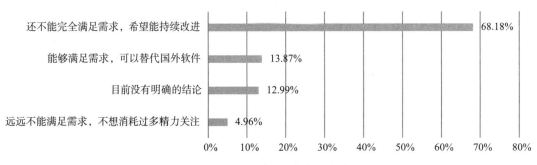

图1-35　对于国产BIM软件的评价

CAD、浩辰CAD和鲁班系列。如图1-34所示。

对于国产BIM软件，68.18%的调研对象认为还不能完全满足需求，希望能持续改进；认为能够满足企业需求，可以替代国外软件的企业占比13.87%；认为远远不能满足需求，不想消耗过多精力关注的企业占比4.96%；目前没有明确的结论的企业占比12.99%。如图1-35所示。

1.3　BIM技术应用趋势分析

从调研统计数据来看，58.69%的企业已经清晰地规划出了近两年或更远的BIM应用目标；25.84%的企业正处于规划阶段，但具体的规划内容还没有成型；9.93%的企业并没有进行前期规划，而是选择先在几个项目进行应用。如图1-36所示。

对于企业在实施BIM中遇到的阻碍因素，缺乏BIM人才蝉联企业面临的最重要问题，今年所占比例61.17%；排在第二位的阻碍因素是项目人员对BIM应用实施不够积极，占比50.36%；第三位是缺乏BIM实施的经验和方法，占比41.61%。可见，人才缺失和应用人员积极性仍没有得到很好的解决，而缺乏实施的经验方法有所变化，此项较2021年下降近5

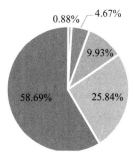

- 无规划（0.88%）
- 没有规划，就是几个项目在用着看（9.93%）
- 已经清晰的规划出了近两年或更远的BIM应用目标（58.69%）
- 我不清楚，无从判断（4.67%）
- 正在规划中，具体内容还没出来（25.84%）

图1-36　企业BIM技术应用规划制定情况

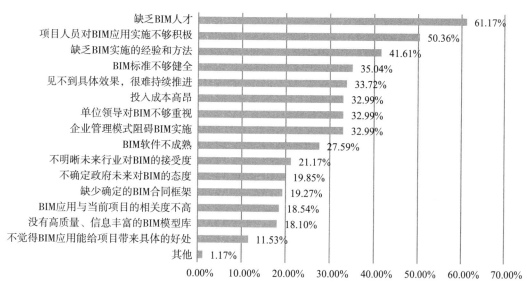

图1-37　应用BIM过程中的阻碍因素

个百分点。如图1-37所示。

　　进一步数据分析发现，企业对于BIM人才的需求与之前只有程度上的细微差别，在结构上依然稳定：人才需求集中在技术、商务、生产等方面的BIM专业应用工程师，占比69.69%，其次是BIM模型生产工程师，占比50.6%；排在第三位的是BIM项目经理，占比42.24%；此外BIM专业分析工程师和BIM造价管理工程师的需求也比较突出，分别占比42.24%和40.1%。如图1-38所示。

　　从BIM知识学习方面看，BIM方面的专业书籍、BIM培训机构，BIM应用软件商仍然是主要渠道，分别占比56.71%、49.43%、42.71%。如图1-39所示。

　　调研对象对于自身BIM应用能力的信心持续增加；其中非常有信心的调研对象占比24.29%；比较有信心占比37.29%；处于中间水平占比26.57%。如图1-40所示。

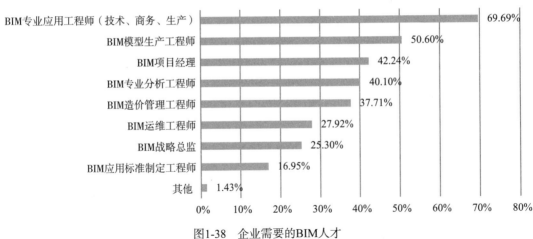

图1-38　企业需要的BIM人才

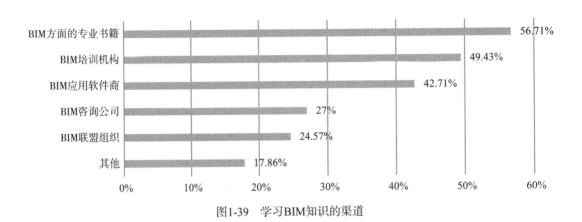

图1-39　学习BIM知识的渠道

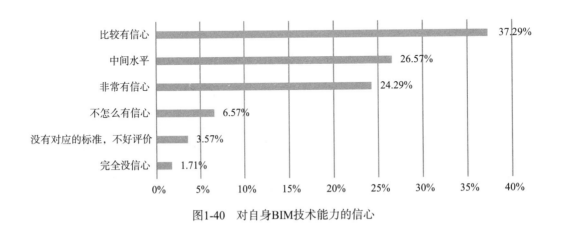

图1-40　对自身BIM技术能力的信心

　　调研中，52.86%的调研对象企业认为在BIM应用过程中总结应用方法非常有用，方法是推进BIM应用的必要条件；认为比较有用，方法对推进BIM应用能起到较大帮助的占比35.86%。如图1-41所示。

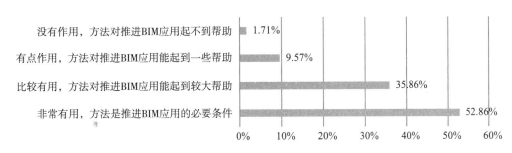

图1-41　总结BIM应用方法的重要性

对于BIM应用的主要推动力，政府和业主持续占据前两位，分别占比82.14%和67.29%；行业协会的重要性排在第三位，占比53.29%；设计和施工单位占比稍微拉开了距离，分别为39.57%、44.71%（2021年分别为42.63%、44.37%）。如图1-42所示。

调研对象对从2011年开始BIM应用相关政策的推行效果表示了肯定，其中56.57%认为推行成功；但认为不太成功的人数占比也很大，超过了40%。如图1-43所示。

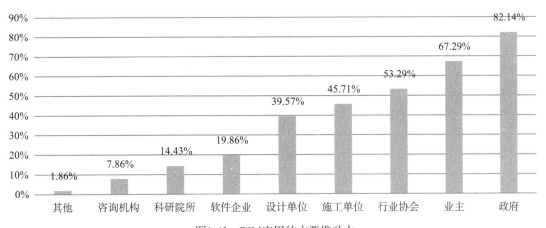

图1-42　BIM应用的主要推动力

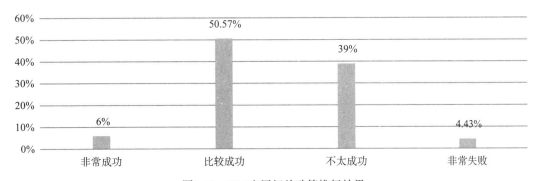

图1-43　BIM应用相关政策推行效果

　　针对现阶段行业BIM应用最迫切要做的事，75%的调研对象认为是制定BIM应用激励政策；其次是建立健全与BIM配套的行业监管体系，占比67.29%；第三是制定BIM标准、法律法规，有61.43%的调研对象认同此项；位列第四、第五的是建立BIM人才培养机制和开发研究更好、更多的BIM应用软件，选择者分别占比56.29%、49.57%。如图1-44所示。

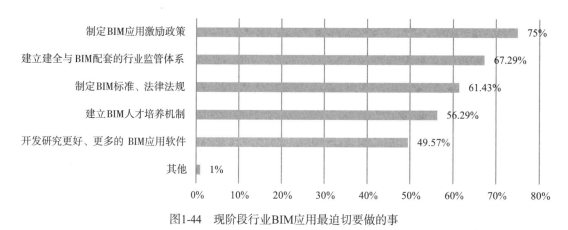

图1-44　现阶段行业BIM应用最迫切要做的事

　　数据分析显示，大数据在影响未来建筑业发展的数字技术排名中，仍然排在第一位，占比76.71%；其次是云计算和人工智能，占比均为64.14%；占比超过50%的数字技术还有物联网、机器人技术，分别占比58.43%和54.71%。此外还有部分调研对象提到AR、MR技术。如图1-45所示。

　　根据数据分析，行业对于BIM技术应用趋势的认知仍然在项目精细化管理与提高现场协同效率两方面达成共识。其中，71.29%的调研对象认为BIM技术要与项目管理信息系统集成应用，实现项目精细化管理；66.00%的调研对象认为BIM技术应与物联网、移动技

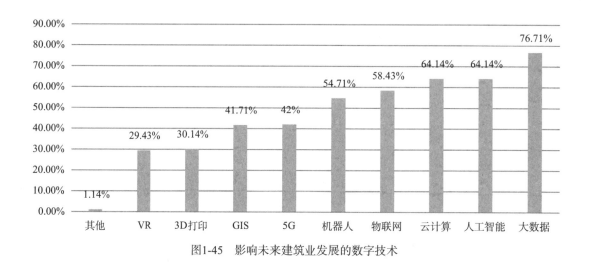

图1-45　影响未来建筑业发展的数字技术

术、云技术集成应用，提高施工现场协同工作效率；此外与云技术、大数据集成应用，提高模型构件库等资源复用能力占比41.57%，在工厂化生产、装配式施工中应用，提高建筑产业现代化水平占比39.57%。如图1-46所示。

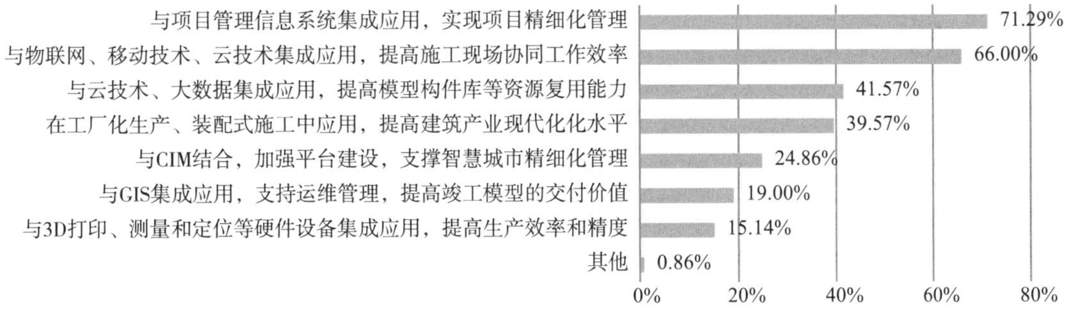

与项目管理信息系统集成应用，实现项目精细化管理　71.29%
与物联网、移动技术、云技术集成应用，提高施工现场协同工作效率　66.00%
与云技术、大数据集成应用，提高模型构件库等资源复用能力　41.57%
在工厂化生产、装配式施工中应用，提高建筑产业现代化水平　39.57%
与CIM结合，加强平台建设，支撑智慧城市精细化管理　24.86%
与GIS集成应用，支持运维管理，提高竣工模型的交付价值　19.00%
与3D打印、测量和定位等硬件设备集成应用，提高生产效率和精度　15.14%
其他　0.86%

0%　20%　40%　60%　80%

图1-46　BIM应用的发展趋势

第2章 BIM技术应用多重视角

BIM技术的应用与发展是相对复杂的过程，应用现状与发展趋势是调研问卷难以穷尽的。为了能更加细致全面地了解现阶段建筑业BIM应用情况，报告编写组在2022年度特别从多重视角邀请了包含行业BIM方面的专家、企业BIM方面负责人、BIM一线从业者等具有代表性的角色人员，以访谈的方式进行，针对建筑业BIM应用推进情况做了相对系统的分析和解读，结合各位受访者的不同行业背景从不同角度进行了总结，以下是各位受访者的访谈过程。

2.1 马智亮

马智亮：现任清华大学土木工程系教授、博士生导师。主要研究领域为土木工程信息技术。主要研究方向包括：BIM技术应用、智能建造和新型建筑工业化、施工企业信息化管理。发表学术论文200余篇。曾获省部级科技进步奖一等奖、二等奖、三等奖等奖励。最近9年，每年主编出版一本行业信息化发展报告，内容涵盖行业信息化、BIM应用、BIM深度应用、互联网应用、智慧工地、大数据应用、装配式建筑信息化、行业监管与服务数字化、智能建造应用。兼任国际学术刊物*Automation in Construction*（SCI源刊）副主编，中国图学学会常务理事、BIM专业委员会主任委员，中国施工企业管理协会信息化工作专家委员会副主任，住房和城乡建设部科学技术委员会绿色建造专业委员会委员等学术职务。

问题1：住房和城乡建设部印发《"十四五"建筑业发展规划》提出要加快推进建筑信息模型（BIM）技术在工程全寿命周期的集成应用，请谈一下您对此的理解与看法？

我理解，这主要是在引导BIM模型数据在建筑全寿命周期中的集成化管理和信息共享，以及BIM技术和其他技术的集成应用。

我认为，这非常必要。目前在我国BIM应用实践中，呈现出"铁路警察，各管一段"的状况，即BIM模型自建自用，没有把建筑全寿命周期各阶段打通，从而造成各阶段重复建模的状况，没有充分发挥BIM技术的潜力。另一方面，在建筑全寿命周期的后期阶段，例如在生产、施工以及运维阶段，BIM应用带来的效益很有限，特别是在运维阶段，BIM模型主要起信息底座作用，需要结合云计算、大数据、物联网等新兴信息技术发挥更大作用。

如果能实现BIM技术在工程全寿命周期中的集成应用，BIM模型一旦建立，相关信息就可以在后续环节或阶段被直接利用，而在后续阶段或环节产生的信息，也会依次添加到

BIM模型中，或与BIM模型中的有关实体建立关联。这样一来，一则可以避免工程全寿命周期中信息的重复录入，提供有关参与方的工作效率；二则可以避免信息重复录入可能伴随的错误，从而保证信息的一致性，提高工作的质量。此外，通过实现BIM技术与其他技术的集成应用，可以使BIM模型数据发挥更大作用，实现更大价值。

当然，这实现起来难度也很大。造成这样的情况主要有两点原因：BIM应用标准的不成熟和BIM应用软件的不成熟。推进BIM在工程全寿命周期的集成应用，意味着需要推进BIM应用标准和BIM应用软件的发展，使之趋向成熟，满足BIM技术在工程全寿命周期的集成应用需求。

问题2：您认为现阶段企业及项目，在推进BIM应用过程中最大的困难有哪些？形成这种阻碍的原因是什么？

我认为，主要存在以下4点困难：

第一，受益方不愿意为BIM应用付账。这方面的困难尤其体现在设计项目中。由于建筑工程设计的交付物主要是二维图纸，且对设计深度的要求并不高，所以利用传统的CAD系统已经能够很好地开展相关设计工作。如果采用BIM技术进行设计，一方面设计人员需要学习新软件，相应地设计单位需要购买新软件；另一方面，设计人员在建立设计模型时，需要确定更多的设计信息，达到传统的施工阶段才进行的深化设计的深度。这样一来，设计人员的工作量会大幅度增加。但这带来的好处是，设计质量可以得到提高，并形成便于复用的设计信息库。对此，作为主要收益方的项目甲方却往往不额外付费，从而导致在设计阶段推进BIM应用的困难。

第二，有关方未获得对BIM的正确认知。应用BIM技术，通常首先建立BIM模型，该模型具有可见性、可计算性、可共享性、可管理性等好处，其中，可见性的好处利用建模软件直接可以获得，而其他3项特性往往需要进一步利用应用工具软件。迄今为止，很多项目的应用停留在发挥可见性的好处这一层次，只是给人留下"BIM技术适用于展示"的印象，而未能让BIM技术发挥更大的作用。例如，在设计阶段，利用可共享性好处，可以高效进行包括能耗、日照、舒适性等性能化分析，从而设计更好的建筑；在施工阶段，可以进行4D BIM以及5D BIM应用，更进一步，可以应用基于BIM的项目管理系统，从而对施工过程进行有效的管理。

第三，BIM应用和项目实践"两张皮"。BIM应用对施工单位来讲，往往具有一定的难度，所以很多施工单位抱着"试试看"的态度开始BIM应用，BIM应用并未与实际施工紧密结合在一起，从而形成"两张皮"。另外，近年来，我国全国上下举办了很多BIM大赛，不少单位纷纷响应，并且结合项目，以"武装到牙齿"的方式开展BIM应用，只求应用点全，未以解决工程问题、提高工程质量或管理水平为应用前提，其结果是形成了"为了BIM而BIM"的状况。在这种情况下，即便是拿到了奖项，却未能带来显著的效果，这样的BIM应用当然不可持续。

第四，缺乏复合型BIM应用人才。有效的BIM应用需要既懂专业又懂BIM技术的人才。如果只懂专业，不懂BIM，当然无法启动BIM应用；如果只懂BIM，不懂专业，就不能了解实际应用需求，从而造成BIM应用和项目实践"两张皮"现象，进而不能带来好的应用效果。

问题3：您认为BIM应用的价值应如何评价？如何让各方在BIM应用方面的价值达成认可和共识？

BIM技术引入我国10多年来，迅速升温，称为建筑行业的热点，至今还没有降温的迹象。如果BIM应用不能带来显著的应用价值，是不会出现这样的情况的。客观地讲，BIM应用在促使建筑工程提质增效方面带来很大的价值。目前，一些施工企业在一些复杂的项目施工中主动应用BIM技术已经充分地体现了这一点。当然，在设计企业中BIM应用的积极性不够高，在一般项目施工中BIM应用的例子也不多，这都是客观事实。其主要原因，既有认识问题，也有技术问题。

首先谈技术问题。BIM技术诞生以来不过20年的历史，鉴于BIM技术的复杂性，它尚未达到完全成熟的程度，这会影响到BIM应用。例如，目前用于设计阶段的BIM软件多数来自国外，还不能完全支持我国的设计规范；而我国自产的BIM软件还有待发展。用于施工阶段的BIM软件虽然多来自国内的软件厂商，但应用时间还不长，有待于在应用过程中不断提高，达到易用的程度。

再谈认识问题。有必要让各方对BIM应用方面的价值达成认可和共识。可以通过以下3个途径：一是在公共工程中推行BIM应用，并应有相应的费用作为支撑，从而使各方愿意应用BIM，并获得相应的好处。二是树立并宣传应用效益显著的BIM应用项目。特别是针对一般项目，对于结合项目实际有选择地应用BIM并带来实际效益的，应该加以总结和宣传，让相关方认识到，BIM技术不是仅仅适用于大型复杂工程。三是继续加强满足应用需求且易用性好的BIM软件的开发，扩大BIM应用范围，改进BIM应用效果，以促进BIM应用价值方面的共识的达成。

问题4："自主可控、国产化"技术应用及创新发展成为新趋势。请您谈一下其对建筑业企业发展将带来哪些影响？对比国外BIM技术及应用发展情况，我们的主要差距是什么？

"自主可控、国产化"技术应用及创新发展一方面是我们不得已而为之，因为西方国家实施制裁引起技术阻断不仅是威胁，而且已经有了现实先例。另一方面，我国是一个大国，我国的市场足够大，可以独自支撑一些重要的工程软件，从而形成我国经济的新增长点。作为建筑企业，在西方国家实施制裁引起技术阻断尚未发生时，应该开始使用国产软件，以便支持国产BIM软件的发展。国产BIM软件最近几年的发展也很快。在国家有关部门的支持下，正在追赶国外软件。在技术阻断发生前就开始使用国产软件，就可以避免技术阻断突然发生时引起的震荡。同时，支持国产软件的发展，也可以带来比国外软件功能更强、易用性更好的BIM软件，从而直接受惠。

目前国产BIM软件与国外软件相比，主要差距体现在BIM建模软件上。反映在用户体验上，主要体现在系统处理复杂形体建筑的能力和系统的稳定性上。应该看到，前一方面的改进需要我国企业花时间去追赶，而后一方面的改进需要我国企业通过大量工程应用，持续打磨现有软件。相信，在我国有关企业的努力下，并在政府有关部门和国内企业的支持下，这些差距可以尽快缩短，从而使国产BIM软件具有替代国外软件的能力。

问题5：助力"中国建造"高质量发展，构建BIM"中国芯"，要具备哪些资源要素？未来发展的重点是什么？

目前，"中国建造"已经成为我国对外的一张名片。但是，"中国建造"还有必要高质量发展，进一步巩固我们的优势，并使我们的优势不受西方国家非法制裁的干扰。BIM技术在"中国建造"中已经发挥了巨大的作用，但目前我们还没有完全掌握BIM的核心技术——BIM建模软件。作为BIM应用的平台性软件，它在BIM应用中起着基础性作用。应该说，BIM建模软件在"中国建造"高质量发展中具有重要地位。

作为BIM建模软件发展的资源要素，主要有以下3个：投入、人才和项目。投入是持续改进BIM建模软件的基础，既需要政府方面的支持，也需要企业的大量投入；人才是指通过拥有人才，保持正确的开发方向以及有效的开发过程，力求做到事半功倍；项目意味着及时在大量实际项目中应用，反复打磨，尽快开发出满足应用需求、易用性好的BIM建模软件。

问题6：未来一段时间，BIM技术创新及场景应用的趋势是什么？建筑业企业应该做好哪些方面的准备？

我认为，BIM技术创新仍然具有很大潜力，特别是在BIM技术与其他技术的集成应用方面。例如，BIM技术与人工智能技术的集成应用可以提高建筑设计的工作效率和质量，BIM技术与云计算、大数据、物联网、移动通信、人工智能等技术的集成应用，可以提高建筑施工及运维阶段的管理效率和管理水平，并带来显著的经济效益。

作为场景应用的发展趋势，我认为，BIM技术作为一个基础性技术，在建筑行业的转型升级中将发挥巨大的作用。目前，行业的数字化转型成为一个大趋势，受到政府有关部门和企业的重视。对建筑行业来说，基本的对象就是项目，而项目数字化的基础就是项目的数字化表达，完全离不开BIM技术。因此，随着企业数字化转型的发展，建筑企业BIM应用将迎来一个新阶段。

为此，建筑企业应该继续重视BIM技术的应用，将BIM技术真正应用到企业的业务中，并真正让它发挥重要作用。这就需要企业客观、全面认识BIM，把握BIM技术，为充分利用BIM技术奠定基础；按需、求真应用BIM，结合工程，应用BIM技术赋能或实现创效降本；持续、深入发展BIM，自主或合作开发BIM新技术，获得核心竞争力。

2.2　刘济瑀

刘济瑀：北京市建筑设计研究院有限公司数字总监，国家注册城乡规划师，高级建筑师，建筑信息化专家，科技部入库专家，冬奥会专家库专家，北京市科学技术委员会入库专家。长期从事建筑信息化、三维图形引擎、智慧建筑及智慧城市发展研究，先后主持或参与了数字雄安规建管平台、雄安智能基础设施建设标准、北京市规划和自然资源委员会二三维电子报审平台、工信部重大课题"大型BIM设计施工软件"及"面向建筑工业互联网的BIM三维图形系统"、北京市国资委重大研发项目"国产自主三维图形平台——英心"等项目。

问题1：住房和城乡建设部印发《"十四五"建筑业发展规划》提出要加快推进建筑信息模型（BIM）技术在工程全生命周期的集成应用，请谈一下您对此的理解与看法？

当前，我们的社会经济形态已经发生了重大变化，由农业经济到工业经济再到数字经济，其关键生产要素也随之发生了变化。农业经济时代，土地和劳动力是最重要的生产要素；工业经济时代，技术和资本成为最重要的生产要素；而到了数字经济时代，数据逐步成为社会生产生活中最关键的生产要素。2020年4月国务院发布的《关于构建更加完善的要素市场化配置体制机制的意见》（以下简称《意见》）正式将数据作为继"土地、劳动力、资本、技术"后的第五种生产要素写进了《意见》中，明确表示了数据是一种新型的生产要素，已参与到社会生产活动的各个环节中，带来价值增值，且与其他要素合作起到倍增作用，对于市场经济价值创造发挥着重要作用。数据本身具备流转特性，通过数据流转，使其参与到社会生产生活各个环节和各个领域中，可以产生更大的价值并激发新的经济活动，创造新的生产模式。在数字经济时代，要着力发挥数据的价值并实现数据的有效流转。

从本质上来看，BIM是以建筑工程项目的各项相关信息数据为基础而建立的建筑模型，它的核心是信息，也就是数据。而更为关键的是，BIM数据与GIS数据一样是空间数据。

如同物理世界的自然环境与建筑等是人类生产生活的载体一样，BIM和GIS这些空间数据也是数字世界其他各类数据的空间载体，是数字孪生的基础数据。同时，BIM作为空间数据，是数字世界各类分析、计算及决策辅助进行空间计算的基本依据。

BIM技术在工程全生命周期的应用包括前期设计阶段、工程施工阶段、竣工验收阶段直至运营运维阶段。加快推进BIM技术在工程全生命周期的集成应用就是要着力于数据的有效流转，提高数据的复用率，发挥数据在各阶段的应用价值。同时，扩展BIM数据的应用范围，把建设数据逐步应用于城市治理、科学研究及生活服务等各方面，对数字经济的发展具有积极意义。

问题2：您认为现阶段企业及项目，在推进BIM应用过程中最大的困难是什么？形成这种阻碍的原因有哪些？

推进BIM应用的最大困难是：国内当前尚未形成全面应用BIM技术的生态环境及有效的收益机制，也就是说，BIM带来的经济效益不足以支撑其应用成本。原因如下：

第一，BIM文件的法定地位不明确，配套政策法规、标准规范尚在实践中。

我国虽然多次发布各类关于推进BIM技术的实施意见，同时也发布了诸如《建筑信息模型设计交付标准》《建筑信息模型存储标准》《北京市民用建筑信息模型设计标准》《湖南省BIM审查系统模型交付标准》等国家、地方标准，但是对于各地政府部门而言，工规证、施工证以及竣工验收依据的法定交付物仍是二维图纸，对BIM模型的审查仅作为试点在各地进行应用实践。也就是说，目前无论BIM应用深度如何，原有的工作成果文件依旧需要完成。

第二，BIM应用的生产工具使用效率不高，目前大多数应用软件与国内设计从业者工作流程、工作习惯、技术规范以及成果深度需求不能充分匹配。

第三，目前配合建造实施的制造业产品化程度还在提升过程中，建造业与制造业的拉通还在探索实践中，建设环节的"铁路警察各管一段"的情况也依旧不同程度的存在，造成BIM数据的有效高效流转还不顺畅，数据价值没有充分释放。效益不显著，推进一定会有所碍难。

问题3：如何评价BIM应用的价值？如何让各方在BIM应用方面的价值达成认可和共识？

BIM应用的价值一方面在于建设阶段数据的有效流转与深度应用，目前国内已经对设计建造各阶段的价值挖掘有过很多实践，比如可视化、模拟分析计算、成本进度质量安全等各类管控辅助，取得了很多成绩；另一方面在于建筑投入运营之后更长的生命周期中，BIM作为运维基础数据，作为其他各类数据的数字空间载体，更具长期的数据应用价值。

BIM不只是一种新的技术手段，它的核心价值在于数据的有效流转，这种流转更依赖于整个行业的流程与技术规范。目前，我们缺乏相关的有效法定文件和标准规范，其数据价值未被有效发掘。目前BIM技术只是在设计的各个阶段做辅助性功能，并未发挥出其核心价值，BIM的核心价值应当可以协助数据进行有效流转。当建筑业建造过程逐步规范化，通过譬如建筑师负责制、项目全过程咨询管理、PPP、EPC等方式，努力将建筑业与制造业贯通，数据价值的发挥就会越来越大，能够使各方在BIM应用方面的价值达成共识，真正认同BIM的价值。

问题4："自主可控、国产化"技术应用及创新发展对建筑企业发展带来的影响有哪些？对比国外BIM技术及应用发展情况，我们的主要差距是什么？

当前的国际形势较为复杂，中美加速脱钩，从最初的贸易摩擦开始，美国对中国的打压由贸易延伸到科技，由硬件拓展到软件，由IT拓展到互联网行业，涉及的行业与公司不断增加，外部环境的变化倒逼核心产品国产化。在中美加速脱钩背景下，生产"自主可控"应用技术的必要性凸显，这是一项极具意义的长远战略布局。

建筑行业作为国民经济支柱产业，在推动经济社会发展过程中发挥重要作用，其对设计软件的需求、应用、规范指标是经过多年实践后自成一体的。当前国内的生产工具软件大多是国外软件，与国内从业者的软件使用习惯匹配度较低，而"国产化"软件能更好地服务于中国建筑业，因此"国产化"技术应用及创新发展是当前形势下的必然趋势。

我国BIM应用在国际上是名列前茅的，对比国外BIM技术及应用的发展情况，我们的主要差距体现在应用环境上：

第一，我国传统建筑业的建设管理较为完备，相应标准规范较为成熟，相关法定文件明确指定整个流程各个环节提交的成果文件需为二维纸质作品，这就造成了在当前环境中BIM技术应用只能是以辅助、验证、局部为特点，无法全面展开。

第二，我国设计建造环节的市场成熟度较高，各环节市场价格无法支撑新技术的应用成本。目前建造环节的市场价格已经达到了不能轻易溢价的地步，因此，我国建设阶段应用生态环境BIM技术的，相比国外还具有些许差距。

问题5：构建BIM"中国芯"要具备哪些资源要素？未来发展的重点是什么？

当前我国使用的BIM软件绝大多数都是国外厂商提供的，或者是基于国外软件"二次开发"的，那么打造"中国芯"就要从BIM软件的基础引擎和行业知识模型化做起。

BIM软件是三维工程设计应用软件，其基本能力就是图元构建能力。图形软件一般分为图形引擎、图形平台、行业应用软件三层架构。

图形引擎是底层基础，它的客户主要是各领域行业图形平台开发商，这一部分基本掌握在国外厂商手中，也是我国工业软件始终存在"卡脖子"情况的主要原因。目前，我国已有部分单位厂家开始努力打造国产三维图形引擎。

行业图形平台在图形引擎基础上封装行业通用功能，如基本专业构建、材质、知识库等功能，需要符合并支持专业工作流程，是面向行业提供共性技术与知识支撑的基础平台。

应用软件一般是在行业图形平台基础上结合特定专精需求打造的面向终端设计用户的应用软件，需要专精的行业知识梳理和很强的行业应用特性，并能够较好地适配国内设计师的使用习惯。

通过以上分析得出，底层核心技术基础软件的国产化是构建BIM"中国芯"的根本资源；行业知识要素的梳理以及专精领域算法能力的总结与储备是完成软件适用、易用的要素保障。两者的结合才是中国芯构建的有效路径。这就需要工程行业专业人员与软件开发人员的长期合作，以此支撑行业发展。

所以，建议未来发展的重点应着力于"中国芯"应用生态建设，努力建构专业工程技术研究与软硬件开发紧密合作的研发生态。

问题6：贵司在BIM国产化战略布局方面是否已制定相应发展规划／举措？请简要说明。

北京市建筑设计研究院有限公司于2018年年底启动国产自主三维图形平台的研发工作，整体主要分为图形引擎"英心"及行业软件"虹图"两部分。

当前，我司正聚焦于图形引擎"英心"的构建。"英心"立足于从应用软件和图形平台的底层支撑——图形引擎出发，潜心解决图形引擎的核心技术——图元构建的能力短板，实现以曲面、网格和实体这三类算法深度融合的图元建构体系。作为工业三维图形基础软件，北京市建筑设计研究院有限公司的"英心"三维混合算法图形引擎，内置了参数化建模、交互式建模及父子集建模等能力，提供了多屏联动、浮动及标记菜单等良好人机交互功能，支持UV贴图方式以达到更精确的效果呈现，从根本上保障数字应用的信息安全问题。工业设计软件的基石——"英心"，将进一步建立制造业、传媒业和建造业三大产业跨行业的应用生态环境，全面助力数字中国的高质量建设。

2022年7月23日，"英心"成功入选国务院国资委《2022年十大国有企业数字技术成果》，在第五届数字中国建设峰会上盛大发布。北京市建筑设计研究院有限公司作为唯一受邀的地方国企，可谓地方国企之光。

下一步，我司将启动面向建筑行业的"虹图"设计软件的研发，致力于实现对方案阶段自由建模软件的替代，实现建筑行业设计数据的自主可控性。

2.3 赛菡

赛菡：中建交通建设集团有限公司科技质量设计部副总经理，一级注册建造师。中国图学学会BIM专业委员会委员，中国施工企业管理协会科技专家，中建协工程技术与BIM应用分会专家库专家，北京市BIM技术应用联盟及北京市智慧工地建设专家库专家。

问题1：您认为BIM应用的主要价值有哪些？这些价值将带来哪些好处？
如果以2012年作为BIM普及应用的早期节点，BIM迅速发展距今已有十年，随着技术的发展与应用实践的累积，BIM在工程建造的各个阶段应用都在持续深入拓展，BIM在各阶段产生的价值也各有侧重。

在设计阶段，基于BIM的可视化、模拟性，可以快速地辅助设计师将设计理念以直观的三维立体图形展示出来，并且利用模型的模拟性，对设计上需要进行模拟的一些东西进行模拟实验，例如节能模拟、紧急疏散模拟、日照模拟、热能传导模拟等，这对于快速设计方案、节约工期发挥了很大的价值。

在施工阶段，BIM发挥的价值就更丰富了，从招标投标、项目策划、工程履约到竣工交付都有丰富的应用案例。例如，基于它的协调性、数据性、优化性，可快速将建筑内复杂的机电管线进行管线综合，对复杂部位、工序繁多的部位进行深化设计，提前优化设计方案，规避传统施工中的"错、漏、碰、缺"，也是建筑垃圾源头减量化的有效手段，对于整个工程的精细化管理、科学化管控都有非常重要的意义。值得特别说明的是，在竣工交付阶段，基于BIM的数字化交付技术也是总承包商的专业能力之一。基于BIM的数字化交付是对BIM技术应用的进一步拓展，同时BIM交付的需求反向要求设计、施工阶段BIM应用深度，有效提升项目BIM实施能力。

在运维阶段，基于BIM的运维应用实现BIM模型在建筑生命周期的价值增长，相比于传统的运维管理系统，基于BIM的智慧运维系统可将建筑本身与承载信息的模型相关联，在运维管理中更直观、快速地服务建筑运营、节能、维护。

另外，随着国家对数字化城市的建设以及CIM平台的搭建，BIM模型以能够承载城市建设几何信息和非几何信息的特性，对于数字孪生城市的建设起着重要的基础数据支撑作用。

问题2：您认为现阶段企业及项目，在推进BIM应用过程中最大的困难有哪些？形成这种阻碍的原因是什么？

在BIM应用过程中其实有很多困难，有人说BIM就像10年前的CAD，但这个说法是不完全正确的，CAD只是一种画图工具，一个软件，侧重于个体效率的提升，而BIM是一种新型建造工具，是一系列软件，侧重于系统效率的提升。早年间倡导实现"全员BIM"，希望能基于精准的数据支撑建造过程，但多年运行下来效果不尽如人意。

主要问题归结于：一是要想实现全员应用。这关键要一把手去抓，但现状是大部分企业的BIM中心或BIM工作室都是公司的技术负责人在抓，这势必导致一种惯性思维，BIM归技术管，属于技术系统用的工具，事实上也是，大多数企业应用BIM的几乎都是技术系统。二是缺少企业内部的BIM协同管理平台。BIM模型创建好只能留在制图人的电脑里查看、标记，其他系统的人只要没装查看软件就看不了，虽然目前市面已有成熟的轻量化平台、BIM协同管理平台，但是企业没有真正感受到BIM协同的价值，不愿意在此投入，也就导致了BIM模型无法在项目流转起来，形成"僵尸模型"。三是BIM影响力相对前期减弱。目前数字化转型被大家炒得轰轰烈烈，智慧工地、智慧建造发展大势所趋，BIM作为已经推广了10年的产物，已经被大家所熟悉，大多数人认为BIM只是模型，已经成熟，所以关注度也下降了，但是BIM作为数字化发展的基础，还有很多标准、技术没有实现，还需要继续探索研究，才能使数字化转型的路更顺畅、更快速。

形成这种阻碍的原因有如下几点：第一是人员问题。企业的人员培养是个跨部门的系统工程，需要时间的积累。总有人担心费心费力培养的BIM人才随时面临着被"挖墙脚"的风险，但我们也要正视人才的流动，只有把体系做优，把人才基数做大，才能不被"BIM人才"问题所困。

第二是资源问题。目前各类型的企业BIM发展是不平衡的，投入早、持续长的企业都已经形成了符合自身工作体系的BIM标准、BIM族库、应用指南、示范案例、开发插件等，有很大的资源优势。起步较晚的企业看似能快速获得资源，借鉴这些资源，但在实际操作过程中发现从外界得到的资源都是散乱的，如果持续投入不足，这些外部资源很难内化，员工也不能熟练地应用，实现创效。

第三是方法问题。如果选择适合企业发展的BIM之路，路径很多。但这么多年观察下来，根本还是从内部设立专门的组织或人员去推动BIM的应用，这样才能责任到人，并与企业的需求紧密结合。

问题3：您认为BIM应用的价值应如何评价？如何让各方对BIM应用方面的价值达成认可和共识？

"如果人们找不到应用新技术去创造价值的方法，那么行业就根本不会受到新技术的影响"，BIM的应用产生价值是行业各单位积极应用的原动力，这种价值在早期很容易被"夸大"，人们对他寄予厚望；接着推广落地，BIM技术不停地被使用者重塑，在与实践的结合中让大家更清晰地感受到它的价值。随着BIM技术阶段性的普及发展，"BIM是否有价值"这一问题已经无需讨论，因为已经形成了"BIM有价值"的行业共识，我们模糊地把它分为"经济价值""品牌价值"和"社会价值"。但"BIM价值怎么量化"这个问题的确尚没有定论，尤其是"经济价值"，不同的项目特点即便是在同一应用点上所产生的经济价值也不尽相同。有个原则大家可以探讨，BIM的价值计算应该是一个差值，即BIM应用价值=使用它产生的效益-使用传统方式产生的效益。当然，只有BIM融入日常生产过程中，实现"隐形"却不可或缺的时候，它的价值才能更准确地被评估。

BIM价值的创造主要经过设计、生产、施工、运维等多阶段，每个阶段实施人都愿意以自己的方式定义BIM价值，以适应自己的需要。但如何让各方对BIM应用方面的价值达成共识？我认为尽可能地让建设方主导价值利益分配，各方都将"以客户为中心"作为目标，注重每一阶段的BIM数据本身的有效性，注重阶段间数据精准传递，只有价值共享，才能让各方达到对BIM价值的认可。

问题4：目前"自主可控、国产化"成为BIM领域的重要议题，对此您有怎样的观点，将对自己产生哪些影响，需要做何准备？

新冠疫情的突发、国际形势的不确定，给全球发展格局带来变革了。当今BIM平台软件的"自主可控、国产化"已经是"大势所趋"，并且通过政策驱动、行业"赛马"、企业自发，国产BIM平台软件的探索已有一段时间了，如今也取得了显著的进展。但我们也要正视国际"头部"BIM软件企业的特点，分析软件生产的客观规律，切勿急功近利。"实践是检验真理的唯一标准"，软件"好用"才是硬道理，能让使用人员的主要精力专注于业务而不是软件操作的BIM软件就是"好"软件，当然这也需要行业相关人员共同努力。BIM软件的"好用"首先来自对专业知识的解构，最终将知识与管理流程封装在软件中；其次是培育相关人才，打造采用链，构建开发者及应用生态。这不是一朝一夕的事，目前国产BIM软件相较以前的版本还没有到脱胎换骨的地步，但其知识的本土化也有显而易见的优势。并且，BIM软件制造商的商业模式也从委托经销商"纯销售"逐渐转向提供解决方案的"服务商"，让开发方、使用方进行协同创新，快速感知市场需求，打造满足行业需求的软件。作为工程总承包企业应与软件服务商积极沟通合作，作为需求方要主动加入业务数字化的工作中，才能共创出适合我国行业需求的自主可控的"好"软件。

问题5：您认为未来BIM技术本身及应用场景的发展趋势是什么？建筑从业者应该做哪些方面的准备和应对？

首先要认清应用BIM技术的初衷是什么，我认为行业希望找到一种技术能把物理世界的实物数字化，以建筑从业者认可的方式，精准、高效地建立起模型。目前看这还需要一个过程，需要相关从业事共同努力才能达到，如建模标准的完善落地、软件平台企业的研发支撑、设备材料供应商的族库建立迭代等。其次谈一下"数据"。数据如何能便捷地输入输出，带数据的模型如何能轻量化应用，如何解决数据需求的个性化挖掘问题等，亦是BIM技术不断发展需要解决的。只有随着使用BIM技术的人力成本和时间成本的降低，BIM的应用率自然会随之显著提升。目前BIM技术应用场景已经从设计、施工阶段向前后不断延伸，在规划阶段、运维阶段都开始有或深或浅的应用尝试。随着BIM技术与其他数字化技术的深入融合，应用场景必然会从深化设计似的"点式应用"向建造全流程似的"线式应用"发展，在元宇宙的概念下，BIM技术也将成为数字城市的支撑技术向"面式应用"拓展。

建筑从业者应"以目标为导向"，利用BIM可视化、数据化、协同性、模拟性、优化性的特性，结合自己的工作场景进行应用。一方面，建筑从业者要理性面对BIM技术发展阶段；另一方面，要以积极的实际行动共创其未来发展，BIM软件平台制造方要研究"人本"软件，BIM技术使用方要以开放的心态充分挖掘BIM技术对业务的支撑能力。

2.4　白梅

白梅：中建七局建筑装饰工程有限公司设计研究总院（BIM中心）党支部书记、院长，正高级工程师，中共党员。先后被授予"全国五一巾帼标兵"，河南省"中原大工匠""河南省百名职工技术英杰""河南省女职工十大创新人物"等荣誉称号。从业30年，致力于基层技术工作，从事过项目所有岗位。先后为公司取得"鲁班奖"等优质工程奖29项，参加省部级以上BIM大赛获奖百余项，率先取得"河南省建筑企业BIM等级一级能力认定"，设计位居全国装饰设计行业百强第50位，在河南装饰设计行业位居第一。

问题1：您认为BIM应用的主要价值有哪些？这些价值将带来哪些好处？

以我们公司为例，主业为房建、装饰、园林，即"房装园"一体化设计与施工。BIM的主要价值就在于能帮助房、装、园项目解决问题，从技术难点到管理痛点，提质量、助生产、创效益。

2015年，公司从项目一线挑选了骨干组建了BIM中心，专业包含土木工程、机电、环境艺术、建筑学、测量、机械制作等，从事岗位有设计院的房、装、园项目管理岗等。团队成立之初的8个人分为5个专业，将Revit作为基础工具、公用工具的基础上，又有了机电的MagiCAD、幕墙Rh&Gh、装饰效果UE4、建筑善用"品茗"的模架和场布、室内装饰BIM Deco等。团队运用BIM技术，加上已具备的工程建设能力和较丰富的实践经验，能更有效地解决企业工程项目在建设过程中的实际问题，特别有意义。

项目需要什么技术，我们就提供什么技术，独创的"异形幕墙优化分格"和"装饰虚拟方案比选"两个"四步走"科技研发，为公司创造5000余万元的经济价值，打造了"建装BIM"品牌。并逐步形成了"BIM+VR"和"BIM+幕墙"的技术创新、"BIM+三统一"和"BIM+绿色节材"的管理创新、"BIM+房装园一体化"的服务创新等，推出了"33（常规应用点数量）+32（创新应用点数量）"菜单服务，服务项目百余项，企业投入产出比高达6.18。

近3年，荣获国际级BIM成果7项、全国BIM大赛成果29项、省部级BIM成果24项。公司连续两次获得河南省建筑企业"具备BIM技术应用能力"一级认证，实现BIM技术在行业内全国知名。

问题2：您认为现阶段企业及项目，在推进BIM应用过程中最大的困难有哪些？形成这种阻碍的原因是什么？

还是以我们公司为例，新开工公建项目的BIM应用率能达到100%，其他类别项目的BIM应用主要取决于合同是否约定。

第一，推进BIM应用困难的最大内部原因是，BIM效率不高。

BIM跟不上施工进度。BIM技术主要解决系统问题，建筑与结构、建筑结构与机电、建筑结构机电与二次装修的整体设计问题，在整体模型中消除系统问题需要时间。但施工项目的责任指标压力大，依靠CAD的单专业图纸抢进度是项目经理的首选，且不复杂项目依靠CAD工具出现的问题并不严重，采用了BIM技术，还要增加BIM人员，项目管理成本增大，所以，CAD就能做，为啥还要用BIM？

第二，推进BIM应用困难的最大外部原因是，BIM≠设计。

设计图纸是法定依据，BIM模型不具备法定约束力。设计BIM是不可能考虑施工诉求的，设计模型落地质量不高。而施工单位发起的BIM，大量的时间和精力都在建模，设计改，模型就要调整，费时费力还得不到认可。

问题3：您认为BIM应用的价值应如何评价？如何让各方在BIM应用方面的价值达成认可和共识？

BIM应用价值评价需要建立完整的评价体系，应从BIM应用广度、深度以及对项目产生的经济价值、社会价值等进行评价。BIM应用价值要结合商务进行效益量化，并纳入"双优化"评价考核体系，确保BIM应用获得可预见性成效。BIM应用项不在于多而在于精，要让BIM应用在项目中产生应有的价值，我司经过多年的BIM实施，梳理完善了认可度、可实施性以及价值创造较高的应用点，BIM应用项虽寥寥数项却能为项目解决大问题，为项目创造大价值，得到了项目的高度认可。

结合公司实际情况，找准自身发展的路子。我们是在2015年成立的BIM中心，成员享受机关行政待遇，也就是说，BIM成员全由公司养着；2020年，设计研究总院和BIM中心合并，独立运营。

对于 BIM 技术的推广与运用，给出了：CAD 能解决的问题，就用 CAD 解决；CAD 解决不了的，用 BIM 解决。只要能解决问题，工具不强求。

某纪念馆项目，建筑设计采用了铝板幕墙来实现一滴水的外形。建筑师只提供一个建筑外表皮，却连现场钢结构都包裹不住；使用 CAD，设计无法出具幕墙施工图，商务工程量都算不出来。我们采用了"BIM+三统一"技术，"四点放线法"的统一测量、"一元二次"的统一深化、"快速建造三法"的统一下料，全程服务施工，三个月完工，完美展现设计效果，业主、建筑设计师非常满意。

项目最受欢迎的 5 个应用点：施工动画模拟、三维虚拟样板、施工场地布置策划、图纸问题归集、机电预留预埋。

而瞄准创效点是关键：BIM+机电管线综合、支吊架，BIM+土建高支模、脚手架，BIM+幕墙技术，这些都没有设计图纸，但施工需要，也符合行业精益建造的需求。

问题 4：目前"自主可控、国产化"成为 BIM 领域的重要议题，对此您有怎样的观点，将对自己产生哪些影响，需要做何准备？

BIM 软件和管理平台的"国产化"是必要的、紧迫的。如使用 Revit 制作的节点库，在线轻量化展示时就受制于国外服务器，诸如此类问题都限制着 BIM 成果的应用。近年来，公司陆续接到国外多个软件的侵权类投诉，我们采用了放弃使用、工具替代等方式。

面对复杂多变的国际形势，高端制造业"卡脖子"问题接踵而至，让我们深深感到知识产权的绳索已套在脖子上，建筑业要做好未雨绸缪，推行自主可控、国产化 BIM 软件是大势所趋。迫切期待国产工具的研发，这需要国内科技企业加大科技研发投入，深入企业调研，加大国产软件专业性、实用性、可操作性等的技术攻关。

我司从 2019 年开始逐步进行国产化软件的培训与替代，但受限于国产化软件的局限性，要做到业务完全取代还任重道远，如习惯了国外软件能解决的问题，国产的 BIM 软件还存在着诸多的不适用性；同时，现在使用了十余种外国软件、插件，解决问题方便、快捷，而国产软件多样性也是不够的。

但我们必定向国产化软件倾斜，也做好了陪伴我们自有软件共同成长的准备。

问题 5：您认为未来 BIM 技术本身及应用场景的发展趋势是什么？建筑从业者应该做哪些方面的准备和应对？

行业要在顶层设计上给出要求，把每一个建筑都做成精品，切实把国家双碳计划落实在每一个项目上；BIM 的正向设计是行业所需，关注设计的龙头作用；企业技术需要储备，不能等客人来了，才生火做饭，BIM+EPC 是精益建造的技术保障，以科技手段减低施工成本；行业人要充满技术紧迫感和危机感，扎根岗位并乐享其中去获得成就感。

我公司 BIM 中心已成为核心竞争力中核心技术的首要产出单位，"十四五"规划末期，将建立 500 人的 BIM 技术普及者+50 人 BIM 技术高端人才梯队，以 BIM 技术在全国领先。数字化充满机遇，只要战略清晰，突破点清楚，持续迭代，快速见效，必定成功！

2.5 王思涛

王思涛：青年BIM专家，现任五矿二十三冶建设集团有限公司集团公司BIM负责人，从事BIM行业六年，多次担任BIM项目经理、赛事评委、讲师、咨询顾问，湖南省BIM专家库专家。

问题1：您认为BIM应用的主要价值有哪些？这些价值将带来哪些好处？

BIM应用的价值有狭义和广义，狭义的价值主要体现在技术层面的突破、成本管控的清晰、材料采购的有效等，能快速呈现在应用者面前，每个层级的管理者基于BIM模型和信息解决当下比较棘手、实在的问题；广义的价值主要体现在以BIM为典型的数字技术正在撬动企业管理模式的改变，甚至行业规则的升级变革，比如在人才培养上，BIM要求的复合型人才与以往单专业、单条线的培养模式非常不同，这就推动企业的人才培养模式必须朝多样化、综合化转变，同样因为BIM高标准的需求，也让上游的大学或技校必须做出相应教学升级；在晋升通道上，BIM的人才筛选上更高效，同时伴随着要求更优渥的晋升回报，对于企业以往的晋升模式和通道的改变更是迫在眉睫，对于企业的人才结构更是一次升级。

问题2：您认为现阶段企业及项目，在推进BIM应用过程中最大的困难有哪些？形成这种阻碍的原因是什么？

在我看来，当前企业和项目在推进BIM过程中主要有两方面的困难：

困难一：现行的一些行业规范和评判体系与BIM应用的需求环境有差距，例如，BIM模型是否具有和蓝图同等的法律效力，实物量是否能作为工程结算的依据，等等，一是无形增加了企业推行BIM新技术的不坚定性，二是为了满足现行行业规范，不得不两套并行，增加了企业人员投入等成本，削弱了产出利润。

困难二：企业配套的管理制度、管理模式与BIM应用的需求环境有差距，例如，BIM发展经历了一段时间，BIM基层力量逐渐成长起来，却发现没有与付出相匹配、可践行的晋升通道。BIM技术应用的关键在于人，但是仅凭兴趣支撑起来的BIM之路无法得到长效保障。BIM发展过程中行业规范引起的差距性可以靠企业的能动性弥补，但是企业的BIM差距性会直接反馈到BIM技术水平是持续发展还是缓慢挪步甚至停滞倒退。

问题3：您认为BIM应用的价值应如何评价？如何让各方对BIM应用方面的价值达成认可和共识？

BIM应用价值的评价维度要放大提高，应该参照高铁模式：站在项目实在的投入和产出数据看高铁，是亏损严重的，但从地方经济、社会发展、军事等大的层面看，是有盈利、有好处的。BIM已经从高热发展期向冷静沉淀期转变，政府层面要针对行业以往发展凸显的问题，出具相应有推动力、指导力的政策，规范各类标准，提高BIM认可度。

问题4：目前"自主可控、国产化"成为BIM领域的重要议题，对此您有怎样的观点，将对自己产生哪些影响，需要做何准备？

BIM软件的国产化标志着国内BIM发展进入成熟的拐点，当年推行用CAD替代图板，很大一部分关键点是有了天正CAD这类与国内使用习惯匹配度高的国产软件。目前在BIM

发展道路上，软件的适配度、通用性、便捷性也是很大的问题，没有哪台BIM电脑上不是装了一大堆的BIM软件的，而高学习成本和工作精力的投入，又引来高回报的期望，进入另一个难点。希望国产BIM软件能真正提高通用性和实用性，能做减法而不是加法。

问题5：您认为未来BIM技术本身及应用场景的发展趋势是什么？建筑从业者应该做哪些方面的准备和应对？

BIM技术发展终将融入企业日常管理中、行业普遍发展中，亦如当年的甩图板和预算软件，发展趋势是越来越日常，是真正意义上的全过程应用。建筑从业者要保持对新鲜事物的好奇心和学习力，不局限于已有的经验和知识技能，尽可能地整合资源和拓宽思考面，BIM不是几个人的独乐，而是众人的狂欢。

2.6　崔满

崔满：教授级高级工程师，一级注册结构工程师，现任上海建工集团股份有限公司总承包部信息中心主任。长期从事BIM及信息化工作，深入研究数字化转型和智慧建造技术，先后参与浦江双辉大厦、上海迪士尼、杭州西湖大学等重大项目工程数字化实践，创新性地将信息化技术融入企业项目施工管理要求，取得了良好的阶段性成效。荣获国家行业级科技进步奖1项，市级科技进步奖4项，优秀技术领头人1项，集团级科技进步奖3项。先后完成市级/集团级课题6项，申请专利3项，软件著作权3项，发表论文10余篇，参编专著图书5项，主编及参编国家团体标准3项。

问题1：您认为BIM应用的主要价值有哪些？这些价值将带来哪些好处？

BIM技术解决了两个问题，一是三维可视化，二是信息载体，实际上这也是BIM的价值所在。针对第一个问题而言，BIM的价值体现在，终于有了一个三维的东西来表达以往传统的工作成果，例如BIM漫游是三维可视化的效果图，BIM模型是三维可视化的图纸，BIM虚拟施工是三维可视化的方案，BIM推演是三维可视化的进度project，BIM碰撞分析是三维可视化的管线综合。

我们的建筑具有唯一性，在它建造完成之前，永远不可能以三维的方式被我们获取。BIM技术以低成本和虚拟的方式，首先解决了可视化的问题，不再依托人脑对建筑外在造型、内部构造的想象，所见即所得，以更直观、更形象的三维方式提前呈现出来，这个价值是BIM最大的价值，BIM的各项应用也是围绕这个价值展开的。

除此之外，BIM的另一个重要作用，就是为数据信息提供了一个更稳定、更直观、更利于数据交互的模型载体。建设领域长期倡导信息化施工，数字化建造的概念提了多年，因为数字信息载体缺失的原因，一直处于低速发展状态，信息附着在何处，如何与实际状态一一对应，如何进行方便的检索、查询、统计，这些问题统统没有回答。BIM的出现解决了这一问题，BIM模型成为与实际一一对应的载体，模型的树形结构方式和大数据库信息架构为信息的检索统计提供了可能，因此，BIM技术无疑加速了信息化施工、数字化建造这一过程，这是BIM技术的另一大价值所在。

问题2：您认为现阶段企业及项目，在推进BIM应用过程中最大的困难有哪些？形成这种阻碍的原因是什么？

建筑领域企业在推进BIM应用进程中，诚然正在遭遇各类阻力和困难，但不能笼统地认为这是企业和项目碰到的困难，必须对其进行细分。

建筑领域企业从层面上划分，大致可划分为岗位层、管理层和运营层，这三个层面面临的困难程度各不相同。设计企业的设计人员、施工监理企业的技术人员基本上为岗位层；项目的技术、质量、进度、安全主管以及项目经理属于管理层；而企业更高级的以资源配置为主要工作内容的管理人员则属于运营层。

对于岗位层面的技术人员，BIM技术为其工作带来了极大的便利和工作效率的提高，设计人员愿意用BIM来进行设计，施工监理人员更愿意使用BIM的基础功能和各项应用来提高对项目的把控程度。

但作为一种能提升工作效率的工具性的BIM技术，为何面临实施中的巨大困难和层层阻力呢？个人认为问题出在管理层，我们的工作圈是一个系统，创新虽然是大家共同的愿望，但其他人的工作方式不发生变化，第一个去创新的永远是最吃亏的，因为工作圈并不能立即认可你的改变，进行不下去的话，有可能你还要再走原来的老路。就算岗位层使用了BIM技术和应用，但管理层还是传统的管理方式，岗位层并没有精力和能力一件事情重复做两遍，如此一来，除非大家同时改变，否则BIM技术就实施不下去。

至于企业运营层，依然以传统的方式获取数据信息，以传统的方式进行资源配置，BIM技术虽然拥有强大的优势，但能辐射到运营层面，能真正发挥作用的能量就更加有限了。

问题3：您认为BIM应用的价值应如何评价？如何让各方对BIM应用方面的价值达成认可和共识？

关于BIM应用的价值评价方面，建议针对已竣工完成项目的BIM应用技术与对应的效益内容，建立BIM应用的后评价指标，一方面为从业者在前期项目策划时提供一定程度上可量化的参考依据，另一方面，研究完善BIM应用评价技术，建立工程项目BIM后评估方案机制，使BIM技术应用带来的效益更为显性化。

在整个BIM价值评价体系建设中，可能包含以下几个方面的工作：基于BIM应用的特性，参考项目管理评估机制，建立BIM应用价值评价方法，进一步梳理出基于项目、企业、行业多维度的价值评价指标。参考上海市拟构建的BIM评价体系，对BIM的评估指标项，首先是专项技术层面，包括策划目标、人员架构、BIM应用点、技术内容、责任主体的实施情况、应用目标达成情况等；其次是整体管理层面，结合项目特征和项目管理流程，对应评价领域，从经济效益、管理效益、社会效益等方面，分析提炼与BIM相关的后评估指标项。

结合以上两个层面形成BIM价值后评估指标库，在此基础上通过各个领域的参建单位、一线人员、相关专家的共同认定和整理，综合多方建议，对评估指标进行技术等级划分、目标界定和专项解释，构建有层次、实操性强、多方认可的项目BIM应用价值评估体系。

该价值评估体系初步构建完成后，还应选取工程项目进行验证监测，基于项目初期

BIM策划和实施文件报告、BIM价值评估指标，以及项目竣工验收报告等基础性资料，测算BIM应用的综合效益并进行价值认定。

问题4：目前"自主可控、国产化"成为BIM领域的重要议题，对此您有怎样的观点，将对自己产生哪些影响，需要做何准备？

什么叫自主可控？我国知名计算机专家、中国工程院院士倪光南有过一个论述：依靠自主研发设计、掌握核心技术、能够创新发展，研发、生产、升级、维护全程可控的计算机系统软硬件，才能称之为自主可控。

我国自主知识产权的BIM软件基础研发稚嫩，对国外图形引擎和工业设计软件极度依赖，存在技术标准（尤其是基础数据标准）不健全、数据格式不兼容、产业不连通等关键技术瓶颈，更存在数据安全问题隐患。

为了实现从数据源头上做到国产自主、安全可控，国内很多团队都进行了积极探索。在"新基建、新城建、'十四五'数字化产业转型升级"等系列政策引导下，国内催生了大量国产化软件平台领创企业与技术研发创新，并支撑多个城市政府开展了广泛的数字城市建设、智慧园区建设、智能建造等多场景深度应用。

当前工程的复杂情况、建造阶段的侧重不同、现场的多维度要求、各方利益的不同诉求，使得BIM技术及其应用依靠一类软件而完成是一件几乎不可能做到的事情。理想的情况是：BIM基础类软件就像一棵参天大树的树根和主干，而BIM专业类软件则是这棵树的枝干和花叶。为此，就要求自主可控、国产化的BIM软件至少要具备三种能力——几何造型能力、数据处理能力、多专业协同能力，而这三种能力是相辅相成、缺一不可的，BIM通用类软件发挥基础数据作用，不同功能的BIM专业软件相互合作，多元化的软件对于BIM从业者来说并不是一件坏事，反而可以通过软件学习提高工作效率，而不是在一个不好用的软件上浪费大量的时间。

问题5：您认为未来BIM技术本身及应用场景的发展趋势是什么？建筑从业者应该做哪些方面的准备和应对？

个人认为，随着BIM技术与其他当代信息技术的快速发展以及其在各个行业的广泛渗透，以 BIM 技术为代表的信息技术与传统建筑业的深入融合，将成为未来建筑业发展的趋势。

在这样的大趋势、大环境下，BIM技术该如何发展，是我们BIM从业者需要共同关心的话题。经历了之前多轮BIM大发展的高峰低谷，近20年来，BIM从横空出世便光芒万丈，已经开始洗尽铅华返璞归真，逐渐回归到它真正的方向上来。之前大部分的BIM喧嚣，围绕的是BIM软件的应用，还远远谈不上BIM技术的应用，而以解决现场具体问题为导向的BIM应用，越来越频繁地被BIM从业者去探索和尝试。

以往的BIM应用，从软件功能出发，并套入了理想化的场景，试图去规范指导实际的现场应用，结局往往是梦想被现实击得粉碎；而从实际问题出发，现场需要BIM解决什么问题，需要对BIM模型做哪些调整和规范才能实现解决方案，这样的BIM应用思路将成为主流。

例如，借助BIM软件对建筑材料进行统计列表查询，这个功能不难实现，但这些被拉出来的模型信息，是原生态杂乱无章的，是没有经过标准化规定的，是一堆没有任何生命力的死数据，拿这样的材料统计成果去管理现场材料简直是痴心妄想！

以解决现场具体问题为导向的做法是：首先明确现场材料管理的范围（混凝土？钢结构？机电管线？），明确现场材料管理的目标（合同查漏补缺？进场计划管理？进场验收管理？），调整BIM模型的建模规则和模型拆分的维度（按专业、按类型、按检验批），哪些以三维建模来表达，哪些以附着在模型上的信息关键词来表达，围绕材料管理的目标分别形成材料清单，获取有价值的BIM数据信息，以此提高现场管理功效。

如此一来，BIM的深度应用对BIM从业者提出了更高的要求，唯有一线的工程技术人员，深度理解现场需求，深度熟知软件功能，具备创新工作的能力和积极态度，依靠BIM技术但不唯软件上，让BIM真正成为工程技术人员手中的"小工具"。

2.7 陈磊

陈磊：青年BIM专家，现任中建新疆建工集团（有限公司）华南分公司技术中心主任，从事BIM行业七年，多次担任BIM项目经理、行业赛事评委、高校讲师、企业咨询顾问。荣获2020年深圳市技术能手、2021年广东省优秀科技工作者、2021优秀BIM技术负责人，并于2022年成立广东省劳模创新工作室。

问题1：您认为BIM应用的主要价值有哪些？这些价值将带来哪些好处？

BIM的核心价值在于利用模型的几何信息、关联数据实现建设全生命周期中的三维数字化管控，这些价值的实现将推动建设行业中数字化管理的发展，使建设过程中的设计、施工、造价咨询、运维等环节高效高质。

问题2：您认为现阶段企业及项目，在推进BIM应用过程中最大的困难有哪些？形成这种阻碍的原因是什么？

目前在企业和项目中，制约BIM推进的最大困难首先在于现有的"生产关系"不足以支撑BIM数字化管理的模式，BIM要发展更应该是一种革命，自上而下调整人力架构、管理模式、项目的生产关系，而不是把它当作一种工具，仅仅停留在可视化、碰撞检测等基础应用上。

其次，企业高管、项目班子对于BIM本身的认知已经出现不自信、不主张的苗头，BIM早年过高的价值宣传及应用探索中出现的各类问题，使建筑管理人员对BIM应用的价值产生怀疑，导致上游推进动力不足。

再次，BIM人才在应用专业上结合度不高、个人上升渠道受限、软件开发功能不符合应用场景实际需求、价值多数不可量化，也进一步制约了BIM的落地应用。

问题3：您认为BIM应用的价值应如何评价？如何让各方对BIM应用方面的价值达成认可和共识？

要想改善各方对BIM应用价值的态度，我认为首先得从政府导向上重塑整个行业的现状，摆正心态，清晰现阶段BIM的应用能力和价值点，为BIM人才解决行业认可问题，以更切合实际的方法去积累经验，迭代技术，更新管理模式。其次，择取项目进行BIM应用标杆的打造，完整探索BIM真正的价值所在，用真实数据说话，不断做深、做实。对于不同的参与方，软件开发公司应该提升软件在现场实际的应用"黏度"，让它真正带来价值，从而吸引应用层级"心甘情愿"地购买、推进。业主层面也应该投入"真实资金"撬动下游单位的积极性，而不是把它作为下游单位该买单的附加服务，并建立完备的推进制度和监督机制。设计和施工方应该从设计初期就高效联动，真正抓住关键应用的时间节点和主要应用部署。

问题4：目前"自主可控、国产化"成为BIM领域的重要议题，对此您有怎样的观点，将对自己产生哪些影响，需要做何准备？

BIM领域国产化从大环境来讲是一件好事，是国内建筑类软件摆脱卡脖子的关键一步，我们仍有很长的路要走，要正视与国外老牌企业的差距。不管是软件企业还是应用企业应该大量沟通、试点，不断提高软件本身的价值，让国产软件稳步健康发展。

问题5：您认为未来BIM技术本身及应用场景的发展趋势是什么？建筑从业者应该做哪些方面的准备和应对？

BIM绝不是昙花一现，随着建筑业环境、行业经验、人才、软件的不断累积，BIM会成为数字化管理当中的重要一环，建筑从业的管理人员应该具备BIM管理思维，技术人员更应注重实际应用方法，使BIM应用不在由BIM工程师所特有，而是更多的与不同岗位、不同业务线实现融合，并真正实现建构符合数字化管理的生产关系和应用模式。

2.8　赵欣

赵欣：北京市BIM联盟专家，美国虚拟建造协会（Virtual Builders）专家，公众号JoyBiM作者，现任北京优比智成建筑科技有限公司总经理。赵欣曾任职国际承包商鲍佛贝蒂（Balfour Beatty）美国公司BIM经理。2013年加入中建三局北京公司，先后担任中国尊大厦项目BIM负责人、公司BIM中心主任。赵欣具有丰富的国内施工总承包、海外EPC及ISO 19650项目管理经验，参与过的工程包括美国Intel芯片厂房、GSA Edith Green联邦大厦、中国尊大厦等，以及多个"一带一路"项目BIM服务支持。参与和服务的项目获得国际BIM奖项3项、国家级BIM大赛一等奖20余项。北京市地方标准《北京市民用建筑信息模型施工建模细度标准》主编人员，国家"十三五"重点图书出版项目《中美英BIM标准与技术政策》《信息化施工》副主编。主持研发的科技成果获得多项专利、软件著作权、科技成果鉴定，在国内外核心期刊发表论文多篇。

问题1：您认为BIM应用的主要价值有哪些？这些价值将带来哪些好处？

美国作者写过一本书叫《大BIM小bim》[①]，里面认为行业现在所说的"BIM"包含两层含义：一个是狭义的bim，即从传统CAD制图工具演变而成的三维模型技术；一个是广义的BIM，及我们现在说的"BIM及相关信息技术"，代表建筑行业整体的信息技术升级。

所以在谈到BIM应用的价值也包含两个层面。从狭义的bim角度来看，三维可视化相

---

① Finith E Jernigan Aia，BIG BIM little bim: The Practical Approach to Building Information Modeling Integrated Practice done the right Way, 4 site Press, 2007-10-11.

比二维来说，其价值是毋庸置疑的：更好的沟通和协作载体，可以提前发现和解决更多问题。这也是为什么大部分从业者认为BIM主要还是解决碰撞问题的原因。

但从广义的BIM角度来看，BIM已不是孤立的存在，而是包含了一系列信息技术的集成应用。这个时候，我们看待问题其实应该从"BIM应用有哪些价值、带来什么好处"切换到"有哪些信息技术可以解决我所关注的问题"。

以进度管理为例，辅助进度管理的信息技术很多，但针对不同的人所关注问题的不同，其方法和价值也不同。例如很多国外业主厌倦查看冗长的甘特图进度，业主便要求总承包单位的模型需要达到一定颗粒度并与进度关联，将甘特图用三维可视化的方式呈现出来；后来，随着技术发展，全景相机、无人机的应用开始逐步替代表达实际形象进度的工作。一部分人关注产值和工效，便利用管理平台记录分析生产数据；一部分人不满足现有管理平台的功能，开始自行利用SQL数据库存储施工数据，开发端口用于填写施工日报，并基于Power BI进行数据分析……

信息技术的特点在于，每一项技术都对应着不同的工具，不同工具满足不同用户的需求，而不同的工具组合又形成不同的技术路径，每个技术路径背后又涉及组织、流程和管理方式，所以很难直接评判BIM应用的价值和好处，因为每个"BIM应用"后面包含的内容太多，同样的"BIM应用"对不同人往往会起到不同的效果。

问题2：您认为现阶段企业及项目，在推进BIM应用过程中最大的困难有哪些？形成这种阻碍的原因是什么？

这里还是把BIM作为"广义的BIM"。有一个简单方式判断什么是广义的BIM：我们在参加BIM大赛时，会把哪些素材装进报奖资料里，那些装进去的内容就是我们心目中的"BIM"。所以企业和项目推进BIM就是推进信息技术的过程。

如果从信息技术角度来看，"BIM"的工作方式其实在50多年前就已出现，"BIM"思维的产品在40年前就已随着个人PC的普及出现和爆发。直到20年前，随着理论、技术、工具、组织、标准体系的逐渐迭代、更新、成熟，这些工具和方法才被装到一个叫"BIM"的名词中[①]。所以从这个角度来看，建筑行业信息技术的发展一直是一个缓慢的过程。然而，现在企业和项目在推进BIM应用过程中，似乎比较着急，希望在得到对应的技术与工具后，迅速达到一个理想的状态，一蹴而就，却忽略了除技术与工具以外的工作，而这些工作是缓慢且需要长期积累的。

同样，我们习惯把"BIM"看作是一个工具或者技术，认为用了它就能带来价值，却忽略了工具和技术是为人与生产服务的：不同的人应用同样的工具会有不同的效果。技术永远都在迭代与升级，技术在任何时间点都无法达到人们预期的理想状态。根据自身的诉求，选择和集成用好现有的技术，注重面向目标的过程。如果企业和项目没有这样的认知，推进BIM会一直存在困难与阻碍。

回到第一个问题中的进度管理，不可能用了"BIM"，项目进度管理的问题就能得到解决。提升设计质量、促进协同效率、设计成果用于预制加工、工序推演、工效与产值分析、纠偏机制等，都是促进进度管理的措施，每个点都对应了不同的工具和技术手段，并

---

① 微信公众号 JoyBiM，《2002—2018，BIM 18 周岁》，2020-07-04。

且需要时间的积累与探索，包括组织方式、流程、管理模式、工具的完善等。

所以在推进BIM应用过程中，最大的困难与阻碍在于，很多企业和项目的认知还在"BIM应用能解决什么问题"，这个认知应该切换成"解决这个问题，涉及哪些应用；达成这个目标，我需要做什么工作"。

问题3：您认为BIM应用的价值应如何评价？如何让各方对BIM应用方面的价值达成认可和共识？

对于一小部分单项BIM应用，其价值是容易达成共识的，例如三维可视化对设计方案的表达、无人机对形象进度的捕获等。一部分价值是各方效率的提升，包括沟通效率、生产效率；一部分价值是各方问题的解决，例如解决设计碰撞问题。

但对于需要各方协作，且各方的关注内容与诉求不一致的应用，其价值其实是很难达成共识的。

还是回到第一个问题提到的BIM辅助进度管理，国外的业主普遍认为可视化的四维进度展示是一个极大的价值应用，非常方便业主高层快速掌握项目预期和实际施工进展，但这个进度关联模型的工作对施工单位来说是繁琐且价值较小的应用。所以在很多BIM应用上，因关注内容不同，其价值达成各方的认可与共识需要一部分单位的妥协。

美国总务管理局（GSA，美国第一个推动BIM的业主单位）在早期推动BIM"正向设计"的一些做法有[①]：

"当时的设计院并没有开始用BIM出图，GSA为达到自身各类BIM应用的诉求，早期为设计院提供了推动BIM所涉及的软硬件和培训费用；"

"最早一批BIM正向设计确实给设计师造成了额外的工作，但是设计周期适当延长，设计师还是每天工作8小时，所以设计师没有反感新技术的引入；"

"前期的投入使得一大批设计院从CAD设计顺利过渡到了BIM设计，BIM设计不再是额外的投入，价值达成了各方的认可；"

"GSA对总承包商额外提出了按照运维需求交付BIM模型的要求，这部分工作永远都不是总承包商关注的价值，但业主为总承包商额外的工作支付了所匹配的投入，所以总承包商也不反感新技术的引入。"

所以我认为，可以让各方达成价值认可和共识的BIM应用，其实很快就会普及，不需要太多的外部因素推动。

而一部分看似技术成熟但难以推动的BIM应用，很大程度是因为各方所处的位置和关注点的不同所造成，这个现象不仅存在于单位与单位之间，也存在于内部人与人之间。在达到理想的自动化之前，一部分BIM应用价值的体现需要很多并不关注这个价值的人员的付出和努力。对这部分人员和对应的工作给予足够的尊重、支持和时间，是我们所需要关注的。

问题4：目前"自主可控、国产化"成为BIM领域的重要议题，对此您有怎样的观点，将对自己产生哪些影响，需要做何准备？

"BIM"这个名词的出现，除了解决建筑行业面临的问题，背后也包含了欧美在建筑

---

① 微信公众号 JoyBiM，《从头开始，BIM 需要什么样的甲方》，2022-03-04。

软件市场上的竞争：新的技术诉求也会创造新的市场份额，提升经济[①]。

我回国后服务了很多"一带一路"工程，目前国内企业在海外施工的市场份额逐年提升。但我也常常开玩笑，虽然现在看不到欧美企业了，但是中国企业一进场就要按照业主、咨询工程师要求采购正版的Office 365、Autodesk AEC Collection、BIM 360、ArcGIS、Aconex、P6、Synchro、各类分析软件，激光扫描仪、全站仪、全景相机以及各类硬件中已经为软件付过的费用，PAS、BS、ASTM、ISO等各类标准、各类认证。所以我开玩笑说，我们把欧美企业的施工抢走了，但是他们换了一种方式，在我们看不到的地方也把钱赚了，并且还有了"卡脖子"的办法。

所以，对于"自主可控、国产化"，我是非常认可的，这不仅仅是产品的研发与替代，背后还承载了国家整体产业升级的期望。但我们也需要清晰地认识到，现在的格局不是一下子就形成的，BIM技术其实和很多技术一样，其发展从侧面体现的是一个社会的沉淀、制度、教育、从业环境、态度等方方面面。

所以，对自身而言，一方面我们要认清信息技术的发展是一个漫长的过程，勿急勿躁，需要做好长期的积累。另一方面，"国产化"不仅仅局限于我们所认知的核心底层产品，建筑行业是一个生态，每个业务领域都需要有信息技术的支撑，每个工作内容都可能会出现新的迭代工具[②]，我们更需要的是一个万众创新、对技术和知识尊重的态度，培育出一个信息技术产业体系。

问题5：您认为未来BIM技术本身及应用场景的发展趋势是什么？建筑从业者应该做哪些方面的准备和应对？

未来的发展趋势很难预测，一个技术的突破可能就会改变发展的路径。举个简单的例子，我是2009年开始接触BIM的，那个时候我还在用诺基亚手机、iPad还没发布、大家都在吐槽3G网络又贵又慢、"云"的概念还未在建筑行业普及、当时的显卡还无法支持实时渲染……这些不是"BIM技术"的技术，后来都深深影响了BIM之后的发展和走向。

但有一点可以肯定的是，我们应该把"BIM"聚焦在"广义的BIM"上，BIM技术本身和相关应用场景并不是独立发展的，而是涉及方方面面的技术进步，其本质是建筑行业信息技术和国家科技水平的发展。

对于"建筑从业者应该做哪些方面的准备和应对"这个问题，我本想给出"加强且持续学习"的答案。但从"广义的BIM"角度来看，BIM其实是一个非常庞大且在不断更新的技术体系，我们说是要"掌握BIM"，但BIM其实是永远学不完的。

所以，与其回答这个问题，我更想抛出一个问题和大家讨论，BIM（或智能建造，我认为"智能建造"更符合大众心目中的"BIM"）该不该成为一个职业[③]，还是属于大土木范畴，但变成和技术、成本、现场等并行的业务领域。传统业务人员固然需要掌握一部分BIM工具，但除了单项工具应用，涉及不同技术与工具的集成应用、协同管理、平台选型与建设、数据处理与分析等等，这些工作应该由谁来做？

① 微信公众号 JoyBiM，《2002—2018，BIM 18 周岁》，2020-07-04。
② 微信公众号 JoyBiM，《新生的力量》，2018-03-14。
③ 微信公众号 JoyBiM，《许多年过去了，我们需要再次探讨下 BIM 的职业问题》，2021-09-29。

2.9　孙彬

孙彬：毕业于北京林业大学土木工程系，从事多年机电专业BIM设计与施工现场工作，2017年创立微信公众号"BIMBOX"，致力于BIM技术、建筑信息化与数字化技术的知识普及，品牌定义为建筑新科技新媒体。媒体内容以视频与文章结合的方式推广，挖掘行业一线的实践经验与需求痛点，分析政策走向，关注建筑数字化前沿科技。目前团队录制了4000多分钟的免费视频，写下了270万字的行业内容，以"BIMBOX"为品牌的微信公众号、知乎专栏、bilibili视频号、今日头条等媒体专栏拥有超过35万垂直领域粉丝，团队拥有微信社群35个、2000人QQ群2个。已出版书籍《BIM大爆炸》《智能化装配式建筑》，正在出版书籍《数据之城：被BIM改变的一代建筑人》。

问题1：您认为BIM应用的主要价值有哪些？这些价值将带来哪些好处？

经过这些年的探索，行业里不同性质的企业，对于BIM技术有哪些应用和好处已经明显分化了——实际上，设计、施工、业主等各方在工程项目中的诉求和工作内容，本质上也是不同的，只不过在探索的路上大家有过几年的时间汇集到一起，如今又各自朝着不同的方向发展。

对于设计公司来说，BIM最直接的价值是用出图效率换设计质量，比起传统的"刷图"模式，利用BIM做三维设计、净高分析、模拟分析，与倾斜摄影技术结合做场地分析，结合算法做智能排布、设计参数的可视化表达，通过在线沟通平台解决远程协作的问题，甚至去探索正向设计、衍生式设计，这些应用的目的都是提高企业整体的设计服务品质，尽管最终提交的还是图纸，但更好的设计质量会带来更强的品牌溢价和口碑。至于天平另一端的"效率"问题，则是有越来越多的企业通过采购软件或内部研发来降低。

施工企业应用BIM技术的成果，比BIM为设计企业带来的价值更显而易见，也更容易在单点实现突破，无论是前期的方案投标、管线深化设计、精装修深化设计、细部施工交底，还是施工过程中的进度模拟、质量安全管理、造价成本管理，BIM技术或是间接的节省成本，或是直接与财务挂钩，做好其中的几项，都能够体现出真金白银的价值，不同企业在不同项目中也会有选择地使用其中的某些应用。

运维方面的应用则是最近两年才被行业广泛讨论的问题，简单来说，大的方向有两个：短期让项目可控，长期服务于运营。前者对于那些偏向于深度介入施工建造管理的业主方比较有吸引力，比如打造建管平台，协调项目中各方的设计和施工工作，再比如和激光点云、倾斜摄影结合，把控项目进度和质量。后者则对于投资型业主更有吸引力，他们对建造过程不是很关注，更加注重的是BIM数据对后期运营的作用，比如资产维护管理、线上巡检，甚至是与政府对接的智慧城市数据交付，等等。

总的来说，BIM正在为工程项目的各方提供不同的价值，这一点已经基本形成共识，但无论站在市场的角度还是展开对话的角度，今天BIM这个词已经不能作为一个独立的新技术泛泛而谈了，每一场对话都必须建立在一个明确的场景和边界内，否则就会鸡同鸭讲。

问题2：您认为现阶段企业及项目，在推进BIM应用过程中最大的困难有哪些？形成这种阻碍的原因是什么？

困难比较多，我谈其中的一点：割裂。

我们说各方都在发展过程中找到了自己最关注的BIM应用方向，那些因为种种原因无法落地产生价值的应用都被逐渐抛弃，这本来是好事，不过因为本质上设计、施工和业主方对工程项目的关注点不同，所以大多数技术都会随着时间的推移回归到各家关注的一亩三分地。

问题的关键在于，BIM不是"大多数"技术，就像是电商行业，必须在平台、支付、物流等系统都跑通的情况下才能产生革命性的变化，BIM也非常依赖上下游各方协同，才能发挥出更大的价值。

在一个项目里，设计更关注表达和出图，施工更关注建造和管理，甲方更关注监管和运维，对其他参与方的工作效率和质量能否提高并不关注，当前软件市场彼此数据的互通阻碍更是让这种困难雪上加霜。

那些成功应用BIM的项目，大体分为两个方向。

第一个方向是某个参建方"越俎代庖"，做了很多超出传统职能范围的工作，比如为运维企业提供服务的设计方、代替设计院做深化设计的施工方，等等。这本质上是一家企业为了跨越自己的增长曲线，在行业口碑和自我提升上的突破。

第二个方向是强有力的业主方或咨询方，全面统筹项目中各方的协作，搭建完善的协同平台，制定BIM执行计划（BEP），最终各方在要求下做好新技术引入的"分内事"，反倒彼此成就出成绩。

除了各方需求的割裂，还有理想与现实的割裂。新技术给很多人编织了一个不太现实的梦境，似乎有了BIM，就能一劳永逸地解决所有问题。等到发现BIM没有那么万能，又有很多企业转向对技术的失望和排斥。

我认为这不全是BIM的问题，而是时代的问题。时代需要增长，需要故事，需要人工智能、大数据和元宇宙一夜之间带来天翻地覆的变化，但变化从来不会忽然发生，人们相信那些来自科技圈和互联网行业的颠覆故事，却很少去认真了解背后不积跬步无以至千里的真相。这需要一代认真做事的人，先把前人欠下的技术债还上，再一点点把理想变成现实。

问题3：您认为BIM应用的价值应如何评价？如何让各方对BIM应用方面的价值达成认可和共识？

目前行业里讨论比较多的，是BIM"减少了多少返工和浪费，节约了多少人力和财力"，向着"省钱"的这个方向去分析也没有什么错，但我觉得不妨从一个"赚钱"的视角来思考BIM的价值，它应该帮助企业创造更多收益，而不是节约多少成本。

想要创造更多收益，大的方向无非是两个：要么在已有的赛道里把单价做高，要么开辟新的赛道。

有些施工企业通过BIM、云平台、机器人等技术的高度集成，加上不断提升的管理水平，去承接业主需求更苛刻、利润也更丰厚的高端项目；一些传统设计公司开辟了智慧城市数字移交业务、软件销售业务。这些案例都在践行着"BIM不是为了省钱，而是提升企业数字化转型能力的抓手"这样一个主旨。但是，对于更多的企业来说，BIM 的作用还到不了这一步，它的作用是倒逼企业去面对一个选择：要不要先把课补上，回归到本来应有的水平。和其他行业相比，建筑业粗放管理、一路狂奔的几十年，很多企业都没有做好传统业务范围内的工作，而 BIM 提供的可视化与数据分析，正在把这种落后赤裸裸地暴露出来，并让很多人感到不适。

我们很难想象，一家优秀的 IT 公司经理，在面对某种更先进的管理方法时，第一个疑问是"太透明了怎么办"；我们也很难想象，一家汽车设计公司的设计师，在使用某个三维设计软件时，发出的困惑是"发现了问题我还要改，好麻烦"。但这些事，就在面对 BIM 的建筑业发生着，更透明的管理、更负责的设计带来更强的企业生命力，这在建筑业之外似乎天经地义，每当我和行业外的人交流时，他们都感到震惊：这种故步自封不会让整个行业都落后吗？事实上，建筑业确实很落后，很多建筑企业，目前是不可能走出行业保护的温床，去跟门口的野蛮人抗争的。所以，我对"共识"的看法是：技术变革能带来效益，直到我们愿意正视自己，把课先补上。

不得不说的是，任何一场技术革命都不会带上所有人，互联网革命抛弃了绝大多数企业，同时极大地成就了少数企业，移动互联网又把这件事做了一遍。越是先进的技术，越会造成雪球效应，技术并不会带来公平，它只是加快了比赛结束哨声的到来。

问题 4：目前"自主可控、国产化"成为 BIM 领域的重要议题，对此您有怎样的观点，将对自己产生哪些影响，需要做何准备？

我认为，行业对"自主可控、国产化"的探讨，在大的国际环境背景下，方向当然是正确的，但还可以再多一些理性的声音。

当一个话题进入了公共领域，成为某种"主义"，往往就容易快速升温，话题的温度高了，一些倾向于冷静的声音就会变小——比如成本，比如商业。

BIM 技术是建立在软件基础上的，而在国内很多行业中，软件行业面临的商业挑战是相对比较多的，除了要面对盗版、抄袭问题，还要面对用户黏性带来的可持续发展问题。至少在建筑业这个大的范畴里，软件是不太可能单独靠政策扶持实现可持续发展的，最终要回归到商业的本质，要靠用户的持续买单来支持软件的迭代，而国产化软件恰恰最需要在赶超的过程中不断迭代。一个设计师可能为了支持国货，买一双国产运动鞋，但用于生产的软件却不是这个逻辑，大部分人谈到国产化都是"线上大力支持喊口号，线下哪家好用用哪家"。所以，如果在行业讨论的环境中，"自主可控、国产化"成为绝对的主流声音，很大可能会给软件开发者营造一种虚假的安全感，同时也让使用者停留在精神支持但就是不买单的状态。所以我认为，软件的买家和卖家在支持国产的同时，也应该在日常里回到商业的本质。用户用挑剔的眼光去提需求、找问题，开发者用贴身的服务去理解需求、迭代产品。而一旦到了这个具体的层面，国内软件商所能占据的优势反倒比单纯的"自主可控"更大，他们可以陪着设计师加班解决问题，可以跑到工地现场了解需求，可以把本土特有的问题在开发需求书中提到很高的优先级。对于使用软件的从业者来说，软件是否"自主可控"并不是他们可控的，能对中国软件产业最大的支持，就是在合理范围内去消费软件、使用软件、用需求去滋养软件的迭代进化。

问题 5：您认为未来 BIM 技术本身及应用场景的发展趋势是什么？建筑从业者应该做

哪些方面的准备和应对？

我认为BIM在短期来看，是一架提问的机器；在长期来看，是一位沉默的助理。

建筑业的落后，并非数字化的落后，而是管理模式与数字化匹配程度的落后，当我们说"补课"的时候是在表达：以现代化的标准来审视建筑业的公司，很多是不达标的，管理不透明、信息不通畅、责任不明晰，而很多人在"国情特殊、行业特殊"的语境下，认为从来如此便是对的。

BIM不能帮我们解决所有问题，有时候它只是提出问题的机器，帮助人们建立反思的机制。一个明显的、专业之间的冲突摆在设计师们的面前，提问的机器说：谁负责改？怎么改？当我们想要逃离这个问题的时候，会说以前这种事不需要我管。机器继续问：哪怕没有BIM，设计师难道不应该出一份没有错误的图纸吗？或许不能，因为项目时间太紧，设计费太低。机器又问：为什么项目时间那么紧？为什么费用那么低？我们可以在一层层追问中的任何一层停下来，责怪那台机器有问题，回到安全的领域；也可以继续追问下去，直面那些其他行业都经历过的磨难。

对于那些完成蜕变的企业来说，BIM将不再那么咄咄逼人，也不再那么花里胡哨，它会成为AR设备中的原始资料，成为数字城市平台的显示界面，成为设计师抽屉里一件不起眼的工具，成为多数人不会见到的一行行代码，成为建筑业从业者互相交流最自然的语言，成为一个每天都出现、却很少再被人提及的助理。

这并非什么豪言壮语，只是在不断复制自己的历史长河里，观察所有技术起起落落的最终归宿。你可以把那样的时代理解为技术的成熟，但我更愿意把它理解为人自身的超越。如果我们能为此做出什么准备，我想首先是与这台机器对话的勇气，我看到行业里越来越多年轻的设计师、工程师和领导层，已经在各种层面追问这些问题，去思考能不能通过新的技术，对管理模式、设计模式，甚至商业模式做出一点点改变。

追问只是进步的开始，但进一寸有一寸的欢喜。当我们撕开这样一道小小的裂缝，外面的光会自己照进来，告诉我们下一步该往哪去。

2.10　何其飞

何其飞：北京中建协认证中心有限公司数字工程认证项目负责人、服务认证审查员、ISO 19650认证专家、数字工程认证联盟专家、铁路BIM联盟专家成员、buildingSMART国际培训讲师。从事BIM实施及管理多年，参与过的BIM实施项目包括北京的地标性建筑望京SOHO、雁栖湖日出东方酒店、北京第一高楼中国尊等多个项目。加入中建协认证中心后参与了ISO 19650数字工程管理体系、项目服务认证、软硬件评价等数字工程产品的开发工作。主导编写了国内首部关于数字化领域的认证标准——《数字工程服务认证规范》。组织参与了中国电力企业联合会的关于电力行业的BIM认证课题。

问题1：您认为BIM应用的主要价值有哪些？这些价值将带来哪些好处？

2021年第四季度，我国建筑企业总数为128746家，与2020年相比，企业增加1.2万余家，增速达10%。如此庞大的建筑企业伴随而来的竞争也是激烈的。增强行业竞争力需要企业强大的自身实力和优秀的客户服务能力。数字化时代的背景下，传统的模式早已不能适应当前的行业发展趋势，唯有增加自身实力、引领科技创新才是企业立足之本。对于当下建筑企业，进行企业数字化转型以及相关数字化技术的应用是增强企业核心竞争力的有效方法。特别是BIM技术的出现，为企业集约经营、项目精益管理的管理理念的落地提供了更有效的手段。

BIM的价值在于完善了整个建筑行业从上游到下游的各个管理系统和工作流程间的纵、横向沟通和多维度交流，实现项目全生命周期的信息化管理。

BIM在促进建筑专业人员整合、提升建筑产品品质方面发挥的作用与日俱增，它将人员、系统和实践全部集成到一个由数据驱动的流程中，使所有参与者充分发挥自己的智慧，可在设计、加工和施工等所有阶段优化项目、减少浪费并最大限度提高效率。

BIM不只是一种信息技术，已经开始影响到建筑施工项目的整个工作流程，并对企业的管理和生产起到变革作用。随着越来越多的行业从业者关注和实践BIM技术，BIM必将发挥更大的价值，带来更多的效益，为整个建筑行业的跨越式发展奠定坚实基础。

问题2：您认为现阶段企业及项目，在推进BIM应用过程中最大的困难有哪些？形成这种阻碍的原因是什么？

随着近十几年BIM在国内建筑工程行业的快速发展，BIM已经成为工程领域的热门技术及管理方式。尤其是国内诸如万达、万科、碧桂园等知名开发商都在发展自己的BIM体系，推动建筑设计的标准化、施工的高效化、管理的精细化。上游企业对BIM的推动，也带动下游企业BIM的发展。这种带动不仅来自上游企业对下游企业的要求，也来自政策层面的推动，还有下游企业对于BIM本身好处的认知。

然而，有一个现实的问题就是各个企业间BIM应用水平是不尽相同的。这种局面表现为，一线城市的企业BIM应用水平普遍高于二三线城市；大型国企央企BIM应用水平普遍高于民企私企；年产值高的企业对BIM的投入普遍高于年产值低的企业。形成这种局面的原因是多方面的，主要原因如下：

第一，政策偏宏观。关于BIM技术的应用普及在国家层面几乎年年发布。但是，到地方层面，相关的BIM政策几乎也停留在宏观层面，没有具体细则和明确要求，相关企业没有抓手，从而导致BIM技术没有更好地应用和发展。

第二，BIM普及度不足。虽然BIM技术在国内发展了多年，但很多建筑企业的管理者对BIM技术并不了解，导致整个企业对BIM技术的重视程度不够，BIM部门被边缘化，沦为"投标工具部门"，究其原因是BIM普及度不足，企业管理者对BIM技术了解不深，无从发力。

第三，管理体系不完善。回顾国内BIM技术的发展历程，我国BIM的发展可圈可点，在BIM应用层级有很多创新，各类应用点相对成熟。但是，很多企业BIM技术投入产出不成比例，究其原因是管理没有跟上，体系没有完善。

问题3：您认为BIM应用的价值应如何评价？如何让各方对BIM应用方面的价值达成认可和共识？

历经十余年的发展，我国BIM技术的发展已形成了多条技术路线，都取得了不错的成就。然而，当前我国在BIM技术的发展过程中仍然存在一些问题，如企业在BIM技术应用层面的水平高低不同，良莠不齐；工程项目各个阶段是否符合BIM全生命周期应用管理的要求缺乏评判标准；企业注重技术而忽视管理导致体系失效的问题等。如何能够真正评价BIM的价值，促进BIM技术的高质量发展，对BIM技术应用形成价值闭环，需要引入一套行之有效的评价体系，而认证就是一种非常有效的合格评定手段。

认证是指对提供者的产品、服务质量和能力的第三方合格评定活动。通过认证可以提高和规范组织内部管理的需要，这也是当今世界各国推行认证制度的根本目的。认证也是一种信用保证形式。按照国际标准化组织（ISO）和国际电工委员会（IEC）的定义，认证是指由国家认可的认证机构证明一个组织的产品、服务、管理体系符合相关标准、技术规范（TS）或其强制性要求的合格评定活动。

认证是基于国家质量基础设施（National Quality Infrastructure，简称NQI）运行，NQI是由计量、标准、合格评定（包括认证认可、检验检测）组成的体系，其中标准是进行合格评定的重要依据。因此，如何让行业在BIM价值层面达成共识，需要制定相关的BIM评价标准，基于评价标准进行合格评定，从而保证BIM应用的价值闭环。目前，国际层面的ISO 19650系列标准是针对企业BIM质量体系的标准，针对BIM技术的服务、产品的认证标准，我国也在积极制定中。

问题4：目前"自主可控、国产化"成为BIM领域的重要议题，对此您有怎样的观点，将对自己产生哪些影响，需要做何准备？

目前"自主可控、国产化"成为BIM领域的重要议题。住房和城乡建设部印发《"十四五"住房和城乡建设科技发展规划》（建标〔2022〕23号），其中15次提及促进BIM技术发展，关于自主可控层面提到建筑信息模型（BIM）技术在工程设计、生产和施工领域得到推广应用。自主研发的水处理关键核心产品和设备打破国外长期垄断。研究工程项目数据资源标准体系和建设项目智能化审查、审批关键技术，研发自主可控的BIM图形平台、建模软件和应用软件，开发工程项目全生命周期数字化管理平台。

在数字化时代的今天，建筑级数字化也在向城市级数字化延伸，"数据"已经变成重要生产要素，"数据"的生成工具也变得至关重要。我国BIM数据的生产基本使用国外软件，但随着国际政治经济环境剧烈变化，我国目前大量使用国外基础工业软件而可能引起的"断供"风险和信息安全隐患，正在日趋增加，不排除对于我国国民经济未来发展和信息安全将造成较大冲击及危害。"自主可控、国产化"不再是一个可选题，而是一个必选题。

在我国BIM软件国产化的过程中，我们必须正视与国外同类型软件的差距。目前，我国BIM软件研发还处于初期阶段，面临使用不便捷、软件不稳定的情况。一方面，相关软件公司需要采取策略扩大软件使用规模，收集用户需求和反馈，加大投入不断升级迭代，做出真正好的产品；另一方面，相关建筑业企业也要积极支持国产软件，实现从小规模支持到大规模的应用。从而整个行业真正实现BIM相关软件的国产化，实现软件开发者和软件使用者的市场经济规律性下的良性采购循环。

问题5：您认为未来BIM技术本身及应用场景的发展趋势是什么？建筑从业者应该做哪些方面的准备和应对？

BIM技术发展到现阶段，产生了诸多成果，也为工程建设提供了巨大价值，为CIM延展提供了有效支撑。有关BIM未来走向何方，本人认为应该继续深挖以往的研究价值点，拓宽BIM技术在未来数字化发展中的结合应用。主要体现如下：

第一，夯实继往成果。BIM技术的发展产出了很多成果，这些成果需要继续巩固，稳扎稳打。

第二，加强基础研发。BIM技术研发是BIM领域相对比较薄弱的环节，基础研发薄弱也是造成BIM领域问题产生的因素之一，"参天之树，必有其根"，BIM领域需要继续加强国产软件、基础标准、人员培训体系、基础设施建设等方面的研发，保证BIM领域发展的根基稳固。

第三，全产业链植入。BIM技术的发展在建筑工程领域应用较多，建筑工程领域涉及的上下游企业较多。数字化是行业的发展趋势，实现数据的全产业有效流转非常有必要。

第四，加强体系建设。注重BIM技术发展的同时，管理体系要同步进行建设，形成双轮驱动，让BIM价值能够真正体现。

第五，深入BIM+研究。数字化时代，不再是单一技术的发展，而是多种数字化技术的发展融合，促进社会和经济的更高效发展。BIM技术同样如此，在建筑行业数字化转型的今天，要深入研究BIM技术与其他数字化技术的结合点，实现数据的互通公用，为建筑业企业的数字化转型提供助力。

第六，发展认证体系。国家提出的行业高质量发展，需要建立认证体系。BIM技术发展至今，还未全面进行认证体系建设。因此，BIM领域有必要从行业层面、国家层面推动BIM认证体系的发展，从BIM技术应用到最终BIM成果的评价认证，形成BIM的价值闭环。

2.11　乔桂茹

乔桂茹：中建一局华江建设有限公司任BIM专员，先后负责景德镇城区老瓷厂改造项目艺术瓷厂、宇宙瓷厂、雕塑瓷厂、陶溪明珠工程BIM管理工作。曾任河南六建建筑（集团）有限公司任BIM专员，参与洛阳应天门项目和孟津恒大云湖上郡项目BIM应用工作。

问题1：您认为BIM应用的主要价值有哪些？这些价值将带来哪些好处？
我认为BIM应用的主要价值可以体现为以下三个方面：

第一，辅助图纸会审。

传统的审图方法对工程师经验及能力要求较高，与合作方交流时，单纯语言文字及二维图纸存在效率低、耗时长等问题。在建立BIM模型过程中，发现图纸问题后统计出来并反馈至技术人员，BIM模型可视化及多专业碰撞，提高了会审的效率与质量，做到直观且高效，减少了错漏碰缺。

第二，协同平台管理。

建立了一种相比二维CAD模式更高效的沟通方式，基于BIM模型对项目质量、安全、进度、变更等进行协同化管理，确保相关责任人及时整改复查，保证管理闭环。

第三，借助数字化智能设备，辅助解决现场的施工难题。

在工作期间，曾参与过一个陡曲面砖—混凝土复合结构的拱廊工程，拱体为波浪般流体形态，拱顶为彩色清水混凝土饰面，拱底为多彩釉面砖饰面设计。施工难点主要为拱体结构找型和实现拱廊釉面砖流光溢彩的排布效果，传统的工作方式无法克服这些施工难点。项目借助BIM技术，使用Grasshopper可视化编程模型设计、数控机床全自动化加工和放线机器人三维空间校核技术，完成了弧形龙骨的高精度铺设，模板铺设紧贴龙骨，从而解决了拱体结构成型的施工难题。为解决多彩釉面砖排布的施工难题，对拱廊BIM模型进行排砖深化，对拱廊内部釉面砖颜色分布进行确定，借助BIM排砖模型导出排砖图，将BIM排砖图进行深化、编号，按照1∶1比例打印，将打印排砖图铺设在地平面上，进行釉面砖预排布，然后将打印排砖图上墙、铺设在模板上指导釉面砖施工。在该项目的BIM应用过程中，不仅解决了现场的施工难题，节约了施工工期，提高了工程质量，还产生了良好的经济和社会效益。

问题2：您认为现阶段企业及项目，在推进BIM应用过程中最大的困难有哪些？形成这种阻碍的原因是什么？

目前最大的困难是BIM应用工作由专职BIM工程师负责，非现场人员在施工管理过程中进行BIM工作推进，BIM应用与现场施工管理脱节，不能很好地将BIM融合到日常的施工管理工作中，未充分发挥BIM的应用价值。

其形成原因主要为以下四点：

第一，一些现场管理工作经验较丰富的工程师已经习惯于传统作业方式，对BIM新技术的学习倾向和认可度低。

第二，BIM工程师大多都是软件技术过硬，软件操作熟练，但现场的知识和经验不足，做出的BIM成果可能无法实施。现场管理人员对BIM的应用方式和应用效果了解有限，不清楚该如何自主应用BIM工具去进行现场施工管理。

第三，BIM应用前涉及技术、工程、质量、商务、安全等各个部门，在项目上推动时，需要大量的时间进行沟通协调，会有一些阻力，在职位末端的工作人员很难将BIM应用这项工作推动下去。若BIM应用推进工作自上而下，由项目领导亲自管理，效率会提高很多。

第四，BIM应用成本相对较高。数字化智能设备的价格都偏高，且这些设备的操作和BIM应用较复杂，能熟练掌握设备使用技巧的现场管理人员较少。BIM建模软件和一些协同平台对电脑配置要求较高，项目上的普通工作电脑无法满足多数人的BIM应用需求。BIM应用增加了成本，也导致了BIM应用工作推进困难。

第五，BIM是种全局观，属于前期指导性工作，有审核判断的功效，但现场施工具有多变性，图纸变更随着高层领导的意愿在变，最终现场施工依据是蓝图+变更+口头变更。这导致BIM与现场施工的结合，指导性价比不高。

问题3：您认为BIM应用的价值应如何评价？如何让各方对BIM应用方面的价值达成认可和共识？

BIM的应用价值体现在建筑的全生命周期中，帮助设计师达到所见即所得的设计水平，帮助施工单位节约成本，给项目和企业带来效益。

在推动BIM应用这件事情上，建设单位是主导方，施工单位是实施方，均是推进BIM应用的关键力量。如何让各方在BIM应用方面的价值达成认可和共识，结合以往工作经验，有以下几点建议：

首先，由甲方主导，BIM成果自下而上，经过施工单位内部，到监理，再到建设单位项目部，最后到建设单位BIM管理中心，这样的逐级审核确认制度就是BIM成果报审制度，每个单位给出审核意见，理论上各单位都要对BIM成果有一定的认识和把握，促使BIM工作融入工程管理中。当BIM技术切实应用到工程管理中，并为日常工作带来了便利和效益时，各参建方会逐渐对BIM应用价值达成认可和共识。

其次，建筑公司通常设有BIM中心来进行BIM技术的研究与应用。对于一些实用性较高的BIM软硬件设备或优秀的BIM应用范例，定期以培训、讲座的方式在项目上进行推广，详细讲解BIM应用的方式方法、应用价值及如何给日常管理工作带来便利，鼓励管理人员积极参与学习和应用。

再次，建筑公司通常有十几个在建项目，目前BIM技术已普遍开始应用，建议建立BIM考核及奖惩机制，使得在建项目的BIM应用成果有个对比。对于BIM应用成果颇丰或取得荣誉的项目进行奖励，荣誉感和实质性奖惩会使项目参建人员更容易认可BIM应用价值。

问题4：目前"自主可控、国产化"成为BIM领域的重要议题，对此您有怎样的观点，将对自己产生哪些影响，需要做何准备？

BIM应用逐渐成为建筑行业的发展趋势，但到目前为止，像Revit、NavisWorks、Tekla、Rhino等平时应用较多的BIM建模软件均是由国外公司研发出来的。美国Trimble公司曾收购了较多BIM相关软件，加上既有的GPS、激光扫描仪等硬件产品，使得Trimble成为唯一拥有全生命周期软件的公司，BIM概念已不限于软件，而是扩展到硬件领域，乃至物联网、大数据、云等。2011年，华中科技大学出现了中国第一个BIM研究中心，国家也开始发行BIM应用标准，促进BIM技术的应用与推广。随着国家和建筑行业协会的推动、施工企业的探索与应用，我国的BIM技术也是硕果累累。但在日常BIM管理工作中，应用较多的、较成熟的BIM软件和硬件设备等大都还是国外的产品，对于不擅长外语的管理人员来说，使用一些国外的BIM软硬件不如"自主可控、国产化"的BIM产品更易理解、易操作、方便工作。如果BIM领域实现了"自主可控、国产化"，对于涉及国家安全机密的建筑工程，也可以更放心地借助BIM技术进行施工过程管理，也是我国科学技术的一种进步。

借用别人的技术成果，不如将技术掌握在自己手中，BIM领域的"自主可控、国产化"刻不容缓。作为一名建筑从业者和BIM工程师，我们应秉承"勤学、探索、研发"的精神，加强自身BIM专业能力的提升，了解国内外先进的BIM软硬件技术，学习成熟的BIM技术应用经验，结合中国本土市场，思考和探索BIM技术在建筑全生命周期中的应用，以解决施工问题为导向，加强BIM技术和施工管理的深度融合，实现建筑工程的精益建造，促使BIM技术实现自主可控、国产化、在国内落地应用。

问题5：您认为未来BIM技术本身及应用场景的发展趋势是什么？建筑从业者应该做

哪些方面的准备和应对?

现在BIM技术的应用场景大多是设计阶段的性能化分析、辅助设计、净空分析等，施工阶段的BIM深化设计、可视化交底、工艺模拟、进度模拟及借助数字化智能设备辅助解决施工中的技术难题等。我认为未来BIM技术将成为一种普及的辅助现场施工管理工具，推动建筑业数字化转型。

BIM是一个近些年兴起的行业，正逐步融入传统工程当中。作为一个建筑从业者，除了本身过硬的现场知识储存和丰富的管理工作经验，更应加强数字化新技术学习，积极了解项目当地或国家智慧建筑管理规定或地方政策，研究其他项目的优秀BIM应用成果。在其他项目的优秀BIM应用案例中，有无人机倾斜摄影三维建模技术、放线机器人三维空间放线校核技术、MR混合现实交底技术、VR方案模拟浸润式漫游技术、三维扫描检测土方工程量技术、BIM+数控机床全自动加工异形龙骨技术等。虽然这些数字化智能设备操作及软件使用相对复杂，但作为一名建筑从业者，势必要学习更多的软硬件去服务项目，做好施工管理，提高工作效率和质量，加强自己的BIM应用水平和专业技术水平。同时，为适应BIM技术的发展趋势，我们要熟悉各专业的规范强条，在工程实践中不断积累项目BIM实施经验，积极与其他部门、专业分包及劳务人员沟通协调，切切实实地将BIM应用到现场管理中去。

第3章 BIM技术应用价值评价分析

BIM技术应用与发展进入理性期，遵循新技术发展摩尔曲线规律，现阶段客观评价BIM应用价值是BIM技术发展跨越鸿沟的关键。目前行业没有成熟的对BIM应用进行价值评价的体系，为更好地推动建筑业BIM应用发展，本章对不同类型企业的BIM技术应用价值评价体系进行客观呈现，为更多建筑业企业提供借鉴。

3.1 建筑业企业BIM价值评价标准及规则——中国建筑一局（集团）有限公司

3.1.1 企业介绍

中国建筑一局（集团）有限公司（以下简称中建一局）是世界最大投资建设集团之一——中国建筑集团旗下骨干企业（央企），员工人数逾2.7万。中建一局深耕国内、国外两个市场，目前在建项目数为1850余个，其中房建1572个、市政工程163个、公路14个、轨道交通23个、环境治理44个等。经营疆域覆盖全国所有省、自治区、直辖市，辐射"一带一路"沿线的欧、美、非、亚四大洲20余个国家。

公司拥有建筑工程施工、市政公用工程施工两个总承包特级资质；工程设计建筑行业、市政行业两个甲级设计资质；公路、机电总承包两个一级资质和7个专业承包一级资质。

3.1.2 企业BIM应用基本情况简述

中建一局BIM技术紧跟行业发展，建立健全管理体系，BIM应用水平始终保持在中建集团内第一梯队。BIM技术推广应用过程目前经历了三个阶段。第一阶段是普及推广阶段，从2012年至2016年，这个阶段实施建章立制，发布《中建一局集团建筑信息模型BIM技术研究实施方案》；建立了局BIM成套管理体系，包括建模标准、考核细则、实施指南及标准化指导手册、BIM资源平台；加强基础教育培训，扩大BIM类软件的使用人员数量。第二阶段是全员全专业应用阶段，从2017年至2019年，推进BIM技术应用的"全员参与，落地应用"；2018年所属子企业BIM工作站/中心已全部实体化运行，保证了BIM技术从顶层策划管理到项目落地实施全过程的流畅性，将BIM技术应用与项目管理人员日常工作挂接在一起，提升管理效率，让被动使用变成主动使用。第三阶段是创效应用阶段，从2020年至今，把"以解决问题为导向，加强深度融合，推进提质增效"作为目标，明晰BIM技术在项目管理过程中的创效点，提升项目管理者应用的积极性，让强制推动变成自主应用。

截至目前，中建一局已有近1000个项目在不同程度上应用了BIM技术，建设了一批如深圳国际会展中心、景德镇御窑博物馆、北京城市副中心、国家游泳中心等具有行业领先水平的BIM示范工程。在全球工程建设卓越BIM大赛（AEC）、香港buildingSMART国际BIM大赛、中国建筑业协会BIM大赛、"龙图杯""创新杯"等大赛中有超过1000项成果获奖，其中省部级一等奖270余项，全球级别大奖5项，形成了具有中建一局特色的BIM应用模式，处于行业领先地位。

近三年，中建一局BIM应用投入共计超过9000万元，包括软件、硬件及智慧工地等投入。现阶段BIM应用人员共计1000余人，其中专职人员160余人。BIM取证人员共计1500余人。

中建一局建立了局级BIM工作总站，设在局工程研究院，全面主持BIM工作站的各项工作。推进子企业BIM工作站实体化运行，19家子企业BIM工作站已经全部实体化运行。

3.1.3 企业BIM应用建设思路

"十四五"期间，中建一局以中建集团"136工程"为契机，充分利用BIM、人工智能、5G、云计算、大数据、物联网等新技术，综合应用移动设备、智能终端，开展"BIM+智慧建造"的研发、应用、推广，实现项目现场"人、机、料、法、环"关键要素的全面数字化；打破数据壁垒，与数字化业务系统互联互通，实现数据的融合，探索数据应用，开展智慧化施工。通过智慧建造的开展全面提升项目施工现场的履约能力和各级机构的精细化管理水平。

以课题研究、标准编制、示范应用等为依托，持续研究BIM+智慧建造与项目生产融合的新方向。搭建中建一局BIM模型信息标准及数据输出框架体系，制定建模标准、审模标准、数字化交付标准，研发非实体建模、审模工具，辅助项目快速输出标准的准确数据，确保模型的准确性；梳理业务数据，制定全局可执行的BIM编码映射库框架体系，为实现施工过程进度、物资、质量验收等工作与BIM的联动奠定基础；制定全局BIM编码库并在项目上示范应用，为BIM全过程的推广打下基础。

3.1.4 企业BIM应用的要求

中建一局建立了中建集团乃至行业内首部企业级BIM技术精细化评测细则《中国建筑一局（集团）有限公司建筑信息模型（BIM）技术研究与应用考核评价实施细则》（以下简称《考核评价细则》）。要求各子企业及2016年1月1日之后新开工的在施项目的BIM技术研究、应用、推广与普及工作按照《考核评价细则》的要求进行。

在企业BIM技术体系建设方面，必须满足中建一局制定的中建集团内首部《子企业/区域公司BIM工作站实体化运行认证标准》的要求，并且持续完善。在子企业BIM日常管理情况方面，要求按年度进行年度应用分析报告；加强项目应用过程管理，包括BIM实施方案管理、过程检查及资源数维护；加强人才培养，建立BIM人才库，对人才的发展和管理进行评估，根据企业具体情况设置考核和奖罚措施与政策，防止人才流失。在施项目应用方面，要求局级及省部级以上BIM类示范工程应用水平全部达到成果可落地推广（A级），常规项目应用水平根据具体情况达到成果梳理稳步推进（B级60%），其他简单普通项目应用水平根据具体情况达到普及点状应用深度（C级100%）。在成果管理方面，要求子企业必须完成年度科技考核指标中的BIM类示范工程及竞赛获奖指标。

3.1.5　企业BIM应用的评价标准细则

中建一局《考核评价细则》由五大部分组成，分数共计110分。一是体系建设10分，内容包括制度建设、资源配置两个方面；二是日常管理25分，内容包括年度应用分析、过程管理和人才培养三个方面；三是项目应用55分，包括项目应用覆盖率和项目考核评价两个方面；四是成果管理10分，包括示范工程、竞赛获奖两个方面；五是加分项10分，包括省部级示范工程立项及验收、顶级BIM比赛高奖项，以及以BIM技术为核心的科技成果等。

企业BIM技术应用考核采取差异化考核，分为一类和二类子企业两类。一类子企业考核标准在项目应用覆盖率、成果管理方面高于二类子企业。对于项目应用，按照施工总承包、专业工程与设计院设计工程三类工程分别制定考核评价标准。

考核成绩≥90分为优秀，80~90分为良好，70~80分为合格，低于70分为不合格。

3.1.6　企业BIM应用考核评价方式及流程

按照中建一局《考核评价细则》要求，考核周期为每年1月1日到12月31日。BIM应用考核评价过程包括四部分。

一是项目经理部自查。由项目经理牵头，按照项目《BIM技术应用评价标准表》的内容及标准按月组织项目部对BIM技术应用情况进行自查并填写《BIM技术项目检查表》，检查结果汇总后形成自查报告。

二是子企业检查。项目部完成BIM技术应用情况自查之后，子企业BIM工作站/中心在主管领导的带领下，按季度对本单位在施项目的BIM技术应用情况进行检查，检查结果汇总后形成检查报告。

三是中建一局集团考核。按年度对各子企业在施项目BIM技术应用情况进行抽查，对公司整体BIM技术应用情况进行检查。检查由局技术中心牵头，BIM工作站负责统一组织实施，实施过程中设置若干考核小组，组长由局BIM主管人员担任，组员由子企业BIM工作站核心组成员担任，每年6月至7月完成年中过程考核并汇总考核结果，每年10月至11月完成年度考核，年底前完成考核报告，发布考核结果。

四是考核后整改。被考核子企业应按照考核报告中存在的问题提出整改措施，并在次年进行整改提升，由局技术中心再次进行考核。

3.2　建筑业企业BIM价值评价标准及规则——中国建筑第二工程局有限公司

3.2.1　企业介绍

中国建筑第二工程局有限公司（以下简称中建二局）组建于1952年，总部设在北京，注册资本100亿元，是世界500强企业——中国建筑股份有限公司的全资子公司。公司年合同额超4000亿元，年营业收入超2000亿元，拥有全口径员工近5万人。公司拥有房屋建筑施工总承包、市政公用工程施工总承包等6项特级资质，以及地基与基础工程、建筑装修装饰工程、钢结构工程、桥梁工程、公路路基工程专业承包一级，建筑行业（建筑工程）设计甲级等各类资质共127项，具备建筑行业强大的全产业链、全生产要素、全生命周期的经营管理能力。

3.2.2 企业BIM应用基本情况简述

中建二局是国内建筑施工行业较早一批应用BIM技术的企业，早在2007年的天津国际邮轮码头项目，中建二局就将BIM技术应用于异形建筑结构、钢结构、超长超薄双曲面GRC板等深化设计中，实现了BIM技术从设计到施工的上下游衔接。

2007年至2011年，中建二局BIM技术应用由点及面逐步展开，在部分局属单位试点推行，侧重于机电安装优化设计、碰撞检查、漫游等常规应用。2012年始，中建二局全面推行BIM技术，局总部由局长亲自挂帅，成立BIM技术委员会，统筹全局BIM资源，推动BIM技术在各单位应用实施，局BIM技术委员会下设局BIM工作站、万达项目协调管理中心BIM工作站，分别负责BIM技术的应用管理及推广培训、BIM总发包管理模式的研发。以"两站"为基础，中建二局不断实践探索，逐步完善制度。2018年，中建二局通过ISO 19650 BIM管理体系认证，成为全国首批获得BSIBIM Verification验证证书的施工企业。

2020年，中建二局BIM技术应用管理再次升级，局BIM工作站、万达项目协调管理中心BIM工作站合并，成立数字化建造研究所，隶属局工程研究院（技术中心）管理。研究所职能承接两个工作站，同步完善了研发技术力量。数字化建造研究所以局视野为平台，加强总部统筹管理，在局属单位层级打造子公司（一公司、二公司、三公司、四公司）、区域分公司（华南公司、华东公司、华北公司、西南公司、东北公司）、BIM技术攻坚力量，探索施工总承包、工程总承包BIM技术应用路线；在专业公司方面，以中建玖合、投资公司为代表的投运平台深度探索BIM技术延展应用，以核电公司、土木公司、安装公司、装饰公司、中建机械为代表的专业BIM技术力量，同样在行业中不断发声。

截至目前，中建二局完成了局—局属单位—项目部三级BIM技术管理体系的搭建。在人员方面，各层级BIM技术从业人员充实（局总部层面，数字化建造研究所人员5名，博士1名，硕士3名），全局范围内培养了近千名BIM技术应用从业人员，BIM职业考核证书取证数千本，各行业专家30余人。

3.2.3 企业BIM应用建设思路

一是BIM应用管理体系建设。中建二局的BIM应用由局工程研究院统筹管理（数字化建造研究所），负责相关管理制度的制定，旨在为全局提供一个BIM应用管理、考核评价体系标准。各下属单位根据自身规模、业务结构设置BIM管理机构并配备专职管理人员，一些单位BIM机构实力强大，在对内支持服务的同时可面向外部市场。

二是BIM支撑措施。由局工程研究院牵头建设BIM资源库及协同平台（兼容国产BIM系统），计划用一到两年时间搭建起一个全局共享的BIM应用平台。局工程研究院已编制完成《中建二局建筑工程施工BIM应用指南》《中国建筑第二工程局有限公司BIM技术应用管理办法》，规范全局BIM应用。

三是标杆引领。每年组织局内部BIM个人（团体）技能赛、BIM技术应用赛，以战代学，以战代练，营造BIM应用比学赶超的良好氛围。

四是人才培养。鼓励BIM人员持证上岗，对目前行业各类BIM水平评价等级证书含金量进行分类评价，综合颁证单位、等级水平以及行业影响力等因素，制定相应的岗位津贴补助制度。建立内部BIM应用考核题库，定期对项目技术、工程、质量、安全、商务、物资等相关人员进行BIM应用考核，建立考核合格人员薪酬调增机制，提高各业务管理人员学习掌握BIM技术的积极性。

五是考核激励。制定BIM应用考核制度，从机构设置、人员配置、BIM资源库贡献度、比赛获奖的多维度对下属单位进行考核，以此促进BIM技术的应用。

3.2.4　企业BIM应用的要求

中建二局以"全面推广，分级应用""应用升级，集成创新""打造品牌，示范引领"为管理原则，鼓励所有新开工项目主动应用BIM技术。

一是局及局属二级单位、三级次机构、项目经理部协同推进，积极贯彻ISO 19650 BIM管理体系，将ISO 19650 BIM管理体系与局属各单位的BIM管理工作密切结合，提升BIM管理工作的科学化水平，形成有效的管理链条，实现BIM技术应用纵向及横向的全面覆盖。针对不同工程项目类型和预期定位，分级确定BIM技术应用目标，有序落实BIM技术应用，逐步培养和规范管理环境。

二是由单专业向多专业发展，由技术应用向管理应用发展，由单项应用向集成应用发展，逐步扩大以BIM为核心的当代先进技术的集成应用，推动BIM技术应用的联合创新攻关，提升智慧建造技术应用水平。

三是重点推进BIM技术在不同领域工程项目中的应用，形成可推广的经验方法。通过产学研用，引导激发工程项目管理能力提升的内在需求，在全面推广BIM技术应用的背景下，吸引从低应用目标向高应用目标发展，打造中建二局强BIM品牌。

四是中建二局形成了《中建二局建筑工程施工BIM应用指南》与《中国建筑第二工程局有限公司BIM技术应用管理办法》的技术规程与应用评价"双线驱动"，既为项目实际应用提供了行动指南，规范了BIM技术应用的具体要求，又有系统性的评价方法来评定项目BIM技术应用深度及水平，相互配合，形成闭环管理要素。

3.2.5　企业BIM应用的评价标准细则

中建二局BIM应用评价从"在施项目"和"企业"两个维度出发。

在施项目BIM技术应用整体评价是对局属单位年度内在施项目BIM应用目标级别覆盖率进行评价。局属二级单位或三级次机构BIM管理机构（人员）应结合项目类型，在策划阶段确定其BIM技术应用目标（A、B、C三个级别），综合BIM技术应用目标级别、业主合同需求和自身项目特点，选择足够数量的、适合自身项目的应用点，形成项目BIM技术应用点清单，并以评价周期内BIM技术应用点清单执行情况校验BIM技术应用目标实现情况。通过计算年度内不同级别应用目标项目个数与本年度在施项目总数的比值来确定目标级别覆盖率进行评价，评价结果分为"优秀""良好""一般"。

企业BIM技术应用评价是对局属单位管理体系、BIM应用成果水平等进行评价，主要内容包括单位BIM管理机构及人员（机构设立情况及人员数量）、BIM证书情况（BIM证书数量）、资源库入库情况（BIM资源入库情况）、BIM创奖指标完成情况（BIM竞赛全国行业及以上一等奖指标完成情况）、BIM竞赛评价（BIM竞赛获奖等级及获奖数量）等，相关评价结果纳入局属单位技术（分）中心年度评价体系，强化评价效果。

3.2.6 企业BIM应用考核评价方式及流程

中建二局BIM应用评价以年为周期，分"在施项目"和"企业"两个维度对BIM技术应用情况进行评价。每年12月，局工程研究院（技术中心）数字化建造研究所启动评价工作，相应评价结果在工程研究院（技术中心）年度考核评价报告中公示。

1．在施项目

BIM技术应用整体评价采用项目自评—二、三级单位检查—局总部抽查的方式开展。

（1）项目经理部技术负责人按照评价标准表的内容及标准牵头组织对应用情况进行自查，并填写应用情况表。

（2）二级单位、三级次机构总工程师或BIM技术主管领导组织对本单位在施项目的BIM技术应用情况进行统计调查，并由二级单位填写整体评价表。

（3）局工程研究院（技术中心）对局属单位重点项目的BIM应用情况及成果进行重点抽查，并结合《在施项目BIM技术应用整体评价表》作出评价。

2．企业

BIM技术应用评价由二级单位填写企业BIM技术应用评价表，评价结果按照体系评价、BIM竞赛评价两部分计分并排序。

（1）体系评价的主要内容包括局属单位BIM管理机构、BIM管理人员、BIM证书情况及资源库入库情况，评价要求及方式纳入中建二局科技考核评价管理办法。

（2）BIM竞赛评价是对局属单位年度内BIM竞赛获奖等级及获奖数量进行评价，并按照一定积分原则进行统计。

3.3 建筑业企业BIM价值评价标准及规则——中建一局华江建设有限公司

3.3.1 企业介绍

中建一局华江建设有限公司是隶属于中国建筑一局（集团）有限公司的央企，产值150亿元左右，拥有1500余名员工。截至2022年9月份，公司在建项目数30个（住宅类项目10个，大型公建项目10个，城市更新类项目5个，工业厂房类项目4个，路桥类1个），地域范围遍及京津冀、福建、广东、江西、江苏及西南等地。公司拥有房建特级、市政一级、古建一级等专业资质。

3.3.2 企业BIM应用基本情况简述

中建一局华江建设有限公司（以下简称中建一局华江公司）BIM应用启动于2016年。目前，公司少部分项目（10%~20%）已经由BIM应用开始融合智慧建造相关技术进行更全面、全业务的应用，大部分（80%~90%）还处于模型操作推广阶段。公司近年来在BIM相关软件、工作站、智能装备等方面投入近300万元，现阶段持证人数40人，参与BIM相关工作180余人，专职BIM管理岗6人。

3.3.3　企业BIM应用建设思路

中建一局华江公司对于BIM技术或者称为智慧建造技术的应用和推广主要是希望通过引进新型的BIM及相关的数字化技术，提高施工现场各个管理环节和具体管理事务的工作效率，进而提高整体的生产效率，较常用于技术方案管理的沟通、复杂节点的深化设计。

我们认为，目前BIM技术的应用和推广仍不完善，除了BIM技术本身（建模效率、模型应用方法、轻量化等）还有很多不足，更重要的是因其产生的辐射影响深远，对配套的工作环境、行业制度等有更高的要求，因此BIM技术现阶段仍处于两级分化严重、无法全面推广的现状。

所以，从目标的实现主体角度来看，公司对BIM技术的定位是将其作为企业技术人员近年必须掌握的一项工作技能，公司所有管理制度（包括BIM中心工作管理制度、BIM人才库制度和考核制度）都是以应用效果为导向，侧重于检查和培养企业技术人员基于BIM的技术管理能力，包括建模能力、模型应用能力、基于模型的协同工作能力等。

中建一局华江公司希望通过BIM和相关数字化技术的应用推广，在施工管理过程中提高与业主、设计、分包的沟通效率，提升施工方案的可行性分析、经济性分析，以及提高部分生产工作的效率（三维扫描实测实量、BIM三维放线、建筑机器人等）。尤其是公司很多特殊的大师项目，比如王澍老师设计的雁柏山庄，朱锫院长设计的景德镇御窑博物馆、紫晶国际会议中心，崔愷院士设计的陶溪明珠等，都是造型丰富、工艺独特、技术方案难度较大的地标性工程，这些项目的实践更明确了BIM在工程领域的价值，即作为工程技术难点攻关的重要手段之一。

除此之外，在技术管理的其他方面，比如技术标编制、技术品牌宣传和新技术研发工作中，BIM和相关的数字化技术也促进甚至主导了一些工作的推进。

3.3.4　企业BIM应用的要求

在对项目团队的BIM应用效果的管控方面，公司对于BIM技术在企业对项目的管理以及项目应用底线等方面都制定了专门的管理制度，比如《BIM技术应用管理章程》中要求工程项目每个月应通过轻量化平台更新模型进度及应用过程文件，便于总部了解项目的BIM技术推广情况，并能对有技术应用困难的项目进行有针对性的帮扶。

另外，对所有合同额超过3000万、工期超过6个月的工程均需要应用BIM技术，至少应达到公司《BIM技术底线应用要求》，具体应用包含项目层面的技术应用推广策划（团队架构、软硬件、应用方案、培训方案、推进保障制度），以及需要全专业建模（LOD300）、三维场地动态布置、人员实操技能培训不少于3次等，《BIM技术底线应用要求》主要从技术推广的角度出发，目的是保证企业技术系统全员都能有机会接触BIM技术，为全员BIM逐步深度应用打下基础。

在BIM人才管理方面，中建一局华江公司根据员工技能水平、岗位级别分层级开展培训。比如，针对每年入职的新员工和BIM初学者，已经连续6年每年举办8~10天BIM实操技能脱产培训，培训内容包括Revit实操入门、BIM基本概论培训和对一些前沿技术的了解。

而针对在工程项目上已经有一定技能水平的人员，考虑其工程现场的工作，公司主要借助每年的现场考核，由BIM中心到各区域进行线下考教一体式巡回培训，主要做有关BIM技术落地的经验案例分享，以及BIM扩展软件，比如翻模插件、协同平台的实操培训，从而节省一线人员的时间，也能更好地让培训技能直接运用于项目现场。

由于公司近年市场扩展速度快，项目团队裂变频率增加，在一些新裂变出的团队中存在人员BIM技能学习进度不足以支撑项目技术管理的情况，针对这一问题，公司将全公司BIM技能较为成熟的人员纳入企业级的BIM人才库进行管理，充分调动他们工作之余的时间，帮助其他项目进行投标建模、施工前期建模策划，以及施工过程中的紧急技术攻关等工作，并给予与其工作量相符的劳务报酬。

3.3.5 企业BIM应用考核评价方式及流程

中建一局华江公司目前的应用评价考核标准是基于中建一局集团2019年修编的应用管理指南和考核评价制度制定的，考核方式是由BIM中心带领两名BIM人才库专家，到各地区的其中一个项目实地听取报告，并对模型和资料进行审核，一般每年两次考核（年中、年底），并对考核成绩进行公开评级、打分、排名，在企业平台公布，成绩将作为该项目技术年度考核评价的一个子项，也将影响该项目的最终年度评价得分。

关于考核流程，首先在项目开工阶段的责任状中，会根据项目的技术难度和团队成员的BIM水平，明确该项目应达到的BIM应用水平（评级A/B/C），如果达不到评级，将按未达到项目目标进行处理。

关于评级的依据，是将BIM技术在施工阶段不同业务场景、管理节点中的应用分成数十项具体的应用点，并根据应用的技术前沿性和创新性分成三个级别，通过对每个应用点的过程存留资料进行检查、核对，再根据不同级别应用点的数量，将一个工程的BIM技术应用进行评级（A/B/C）。

例如，在考核制度里，"BIM辅助方案比选"作为一个Ⅰ级（基础级别）应用点，要求项目团队在考核截止时间前，通过BIM技术为项目至少3个施工方案提供配图、推演模拟技术支持，并且需要有总部技术系统认可的审批痕迹，才算完成该应用点。

当一个项目累计完成一定数量的应用点，如12个Ⅰ级应用、6个Ⅱ级（深度级别）应用，将会给予B级应用项目的评价，同时，考核专家组也会对每个应用点完成的质量、深度以及项目BIM技术应用、技术成果积累等维度，进行具体评分（100分制）。

3.4 建筑业企业BIM价值评价标准及规则——中建七局建筑装饰工程有限公司

3.4.1 企业介绍

中建七局建筑装饰工程有限公司（以下简称中建七局建装公司）注册成立于1989年，

是隶属于中国建筑骨干成员企业——中国建筑第七工程局的国有大型装饰企业。公司2019年产值突破百亿元，在职员工2693人。在建项目223个，按一级工程类别分，有基础设施19个、建筑工程179个、装饰装修工程25个；按承包模式分，有工程总承包项目11个、施工总承包88个、专业承包124个。

公司立足中原，辐射华北、华东、华南、西南、西北等区域。公司拥有5项专业承包一级资质（建筑装修装饰工程、建筑幕墙工程、机电设备安装工程、防腐保温工程、钢结构工程）、2项专业承包二级资质（建筑智能化工程、消防设施）、5项专业承包三级资质（古建筑、城市道路及照明、环保工程、建筑工程施工和市政公用工程施工）、3项设计专项资质（建筑装修装饰工程设计专项甲级、建筑幕墙设计专项甲级、风景园林工程设计专项乙级资质）。

3.4.2　企业BIM应用基本情况简述

2015年6月，中建七局建装公司BIM中心成立。7年来，BIM中心从成立之初的6人发展到了20人，并以独创的"异形幕墙优化分格"（异形幕墙—平面幕墙—三统一快速建造—平台）、"装饰虚拟方案比选"（360全景—行走—换材质—平台）两个"四步走"科技研发，为公司创造了5000余万元的经济价值，打造了"建装BIM"品牌。建装公司取得"基于BIM技术的"国家发明专利4项，荣获国际级BIM成果7项、全国BIM大赛成果29项、省部BIM成果24项；连续两次取得河南省建筑企业"具备BIM技术应用能力"一级认证，实现BIM技术全国知名。

公司对BIM中心实行预算管理，部门年度运营成本500万元，其中人工成本400万元，电脑等硬件更新及科研费50万元，差旅等办公费50万元。

3.4.3　企业BIM应用建设思路

BIM技术现已成为中建七局建装公司的核心竞争力之一，"十四五"规划末期，建立500人的BIM技术普及者+50人BIM技术高端人才梯队，以BIM技术领先全国。截至目前，以BIM技术切入传统管理模式，以"BIM+"支撑核心竞争力，广泛应用在数十个项目中，创造经济效益达8698万元，投入产出比6.18，远高于投入产出比3的行业指标，影响着行业生产方式的变革。

1. 核心技术

公司BIM中心递进完成"BIM+VR""BIM+幕墙""BIM+绿色节材""BIM+三统一"等关键技术研究，推行"一书七表一总结"企业标准，总结形成了"BIM+房、装、园一体化"核心技术。

（1）房建板块：以"BIM+智慧工地"为抓手，优化并消除专业间信息孤岛，横向联动技术、生产、安全、质量各个板块，落实动态闭环管控，实现施工现场可视化管理、精细化管控，提高管理效率。

（2）装饰板块：以"BIM+VR技术""BIM+幕墙三统一技术"为抓手，纵向联动设计院、加工厂、项目部，打通数据传输壁垒，实现异形结构参数化分析、优化、下料、加工、定位、安装，确保工程建设质量。

（3）园林板块：以"BIM+绿色节材技术"为切入点，通过数字建筑驱动建筑产品全过程、全要素、全参与方的升级，建立全新的生产关系，推行数字建造、绿色建筑新发展模式，助力实现建筑业"双碳"目标。

2. 推动BIM技术应用标准化

推行企业标准《BIM应用实施导则》，通过"一书七表一总结"，推动BIM技术应用行为的过程管理标准化。建立标准化工作机制，包括BIM管理的标准化和BIM成果的标准化。其中BIM管理的标准化包含BIM工作流程的标准化、BIM成果管理的标准化。BIM成果的标准化包含模型协同工作标准、模型标准化族库、模型审核机制、模型输出、BIM发明专利等科技成果标准化图集。

3. 持续创新"BIM+"业务

在房建方向探索BIM技术在装配式、智慧工地中的应用方向，打造项目级BIM协同管理平台，协助现场施工精细化管控，为企业级管理平台提供数据支撑。在装饰及园林的专业化方向确保BIM数据无缝流转，实现加工一体化。通过BIM技术对"E"环节的技术辅助，解决碰撞等图纸问题，增强设计成果的适用度，提高商务概算的准确度，为后续环节打好基础。

4. 勇于探索外部市场

以BIM技术的优势，通过做建筑院的技术外协，以前端的建筑设计对接，掌握设计期的项目信息，特别是切入带有"智慧城市"概念的城市综合体板块，为公司带来主营施工业务。

3.4.4 企业BIM应用的要求

公司为提高项目精细化管理水平，下发了《中建七局建装公司BIM中心运营方案》（建七装企〔2017〕213号），成立独立的BIM中心，同时将信息化管理职能划归BIM中心。

BIM中心兼具总部部门职能和独立经营职能，对公司负责，是公司BIM技术的综合管理机构和服务支持机构，提供有偿服务，公司内部项目需要BIM技术服务的交BIM中心实施。

1. 应用范围

全面推广应用BIM技术，且常规应用点不少于5项，创新应用点不少于5项。项目包括：所有新开工房建项目；所有新开工幕墙项目（自营）及3000万元以上内装项目；公司级及以上重点项目、创优项目等。

2. 应用要求

逐级递进的BIM推广目标

采用16点—8点—3点的三级递进BIM技术应用，推动BIM技术在项目上的落地应用率。

（1）一级应用：16点。

应用点：图纸会审、施工场地三维布置、可视化技术交底、施工方案模拟、模板脚手架应用、5D管理平台应用、碰撞检查、净高检查、综合管线深化、机房管井优化、预留预埋、工程量统计、3D扫描、材料下单、虚拟样板、末端定位。

应用项目：所有公共建筑、创优项目，建筑面积超15万m²居住建筑、异形装饰项目、超高层幕墙项目、3000万元以上的内装项目。

实施人员：BIM中心负责策划、建模，项目部BIM小组实施。

（2）二级应用：8点。

应用点：图纸会审、施工场地三维布置、可视化技术交底、施工方案模拟、预留预埋、综合管线深化、工程量统计、末端定位。

应用项目：建筑面积10万~15万m²居住建筑、常规幕墙项目、小于3000万元的内装项目。

实施人员：BIM中心策划、指导二级单位BIM工作室建模，项目部BIM小组实施。

（3）三级应用：3点。

应用点：施工场地三维布置、可视化技术交底、施工方案模拟。

应用项目：建筑面积小于10万m²居住建筑。

实施人员：二级单位BIM工作室负责策划、建模，项目部BIM小组实施。

3．持续推进公司品牌建设

奖项申报要转化为企业利益，积极对接省内、国内主流BIM大赛申报工作，重点瞄准国际类BIM赛事，确保申报成果省内领先、国内一流、国际知名；积极承办建筑行业、装饰行业的主流BIM赛事，提升企业在业内的影响力。持续跟进河南省建筑企业BIM等级能力认定工作，确保认定结果为一级，到2025年获得全国BIM实施能力成熟度等级金级以上评定；参加各类成果分享交流会，将公司在行业的知名度推广出去，打造建装新名片。

3.4.5　企业BIM应用的评价标准细则

1．常规应用点33项（表3-1）

BIM常规应用点

表3-1

应用阶段	序号	应用点内容	应用效果
投标阶段	1	BIM技术投标方案	响应招标文件的"BIM应用方案或演示"的相关章节编制技术标
	2	投标演示	制作施工方案动画，进行投标方案演示、答辩，提升技术方案表现
设计阶段	3	图纸问题梳理	发现图纸未标注、矛盾点及设计不规范的地方
	4	辅助施工图预算	发现施工图编制缺项漏项，提供精确施工图预算量用于目标成本控制
	5	土建复杂节点优化	优化不利于现场施工的节点及工艺
	6	钢结构深化	深化结构节点，进行吊装区段拆分
	7	机电管线综合	针对机电系统进行综合管线排布，优化排布方案
	8	碰撞检查	各专业模型整合后对专业间进行碰撞检查，发现设计问题
	9	净高检查	利用BIM技术对室内净高进行分析，出具净高分布彩图
	10	结构预留洞口	结合综合排布方案，出具结构预留洞口定位图

应用阶段		序号	应用点内容	应用效果
施工阶段	项目策划阶段	11	施工场地布置	按地下结构施工、主体结构施工、装饰装修施工等不同阶段对施工场地布置进行协调管理，检验场地布置合理性
		12	场布工程量计算	通过三维场布汇总临建施工工程量
		13	编制施工进度计划	提供可视化4D虚拟模型，动态展示项目进度，检验进度计划合理性
	项目实施阶段	14	结构、机电、装饰深化设计	利用BIM技术进行结构、机电、装饰深化设计和出图等
		15	可视化技术交底	利用BIM技术进行三维可视化技术交底
		16	碰撞检查（深化设计）	将模型中发现的主要碰撞问题进行综合优化，消除碰撞点，出具平立剖轴测图
		17	施工工艺模拟	配合工程施工需求，进行基于BIM技术工艺/工序的模拟演示
		18	施工方案模拟与优化	进行基于BIM技术关键技术施工方案模拟，选择最优施工方案
		19	二次结构、砌体施工	协助完成二次结构、砌休的优化组合方案，计算砌体实际用量
		20	BIM+PC	应用BIM技术对装配式构件进行管理
		21	机房模块化预制与施工	将机房进行模型装配化拆分，生成加工图
		22	钢结构预制加工及安装	提出钢结构构件采购计划，对构件进行物流跟踪，进行钢结构安装、进度等管理
		23	BIM+管道工厂化预制加工	通过模型对管道进行预制拆分，导入自动加工设备进行加工
		24	幕墙加工及安装	制定幕墙安装方案，进行幕墙安装、进度等管理
		25	专业协同	搭建各专业、各系统协同管理平台，对施工现场进行可是管控
		26	基于BIM技术的进度管理	通过计划进度与实际进度的对比，发现进度差异，查找原因进行调整
		27	基于BIM技术的成本管理	实现对过程中签证、变更等资料的快速创建，方便在结算阶段追溯；实现结算工程量、造价的准确快速统计
		28	基于BIM技术的质量管理	采集现场数据，建立质量缺陷数据资料，形成可追溯记录
		29	基于BIM技术的安全管理	采集现场数据，建立安全风险、文明施工等数据资料，形成可追溯记录
		30	基于BIM技术的材料管理	按节点要求编制材料计划，材料精细化管理
		31	工程资料管理	采集现场质量、安全、文明施工等数据，与模型即时关联等
	竣工验收阶段	32	工程档案资料挂接	设备信息、材料信息与模型进行挂接关联
		33	竣工模型交付	完善模型非几何信息，形成竣工模型

2. 创新应用点32项（表3-2）

BIM创新应用点　　　　　　　　　　　　　　　　　　　　　　表3-2

应用阶段		序号	应用点内容	应用效果
投标报价阶段		1	投标报价策划与建议	根据招标清单量进行投标报价与成本预测，提取工程量，套定额，形成成本信息，为投标提供数据支持
设计阶段		2	正向设计	三维正向设计，通过模型生成二维设计图纸
		3	绿色分析	发挥模型优势，分析建筑的各项物理性能，打造绿色建筑
		4	日照分析	日规阴影分析、年太阳运行轨迹阴影分析
		5	视线分析	模拟出观众在不同区域的座位上所能看到的舞台范围
		6	风环境模拟	模拟风环境对建筑物产生的影响，优化建筑布局、构造
		7	能耗分析	分析建筑设计的各项能耗，提供建筑优化数据
施工阶段	项目策划阶段	8	编制材料计划	利用BIM模型提取材料用量，制定材料控制量与节点，编制材料采购计划
		9	成本策划	提供施工图预算进行目标成本控制，为工程过程成本管理、与分包进行工程结算提供数据支持
	项目实施阶段	10	施工方案对比分析	基于BIM技术关键技术施工方案进行方案比选，选择最优施工方案
		11	钢筋指导施工	进行钢筋量统计、施工放样等精细化管理
		12	移动终端	利用移动终端进行现场施工管理、可视化技术交底等
		13	基于BIM项目协同管理平台	基于三维可视化管理平台，实现各专业的纵向协同工作，各管理链条横向到边
		14	无人机应用	采用无人机进行施工现场测量和进度管理
		15	工程结算	提供结算工程量，审核分包工程量，与业主进行工程决算等
		16	实景重建	搭建城市数字模型，提供智慧城市数据基座
		17	参数化建模	梳理建模逻辑关系，通过参数化编程实现模型的快速、高效创建、分析、优化
		18	BIM+VR/AR/MR	打造虚拟空间，对方案、安全体验、质量样板等进行三维沉浸式展示
		19	BIM+3D扫描	将BIM技术和三维激光扫描技术相结合，实现施工图信息和施工现场实测实量信息的比对和分析
		20	BIM+3D打印	实现复杂构造的真实呈现，从实入虚，虚实双生，便于对复杂构件，以及建筑整体设计的理解，并对复杂构件的组装方案进行可行性分析
		21	BIM+智慧建造	以BIM应用为主线、工程项目管理为业务轴心，实各管理层级的信息互联互通
		22	BIM+放线机器人	将BIM模型导入测量机器人中，通过测量机器人实现复杂异形的高效精确定位
		23	BIM+物联网	进行钢结构、预制构件等的加工、运输、安装信息管理

应用阶段		序号	应用点内容	应用效果
施工阶段	竣工验收阶段	24	辅助竣工验收	制作现场竣工图，配合竣工验收
		25	维护和更新施工阶段BIM模型	对施工项目的非几何信息进行模型关联
		26	工程量精算（对外结算）	通过施工模型出具材料工程量清单，为对外结算提供数据支撑
		27	分析盈亏情况（多算对比）	通过多算对比数据，分析项目成本情况
运营维护阶段		28	BIM模型管理	形成竣工交付BIM模型，对模型进行维护更新
		29	运维信息管理	能配合业主对模型空间、设备养护、维保时间等信息进行管理
		30	运维信息记录	通过运维平台绑定设备、管道、监控等运维信息
		31	运维信息查询	智慧楼宇运维信息快速检索、构件快速定位
		32	能耗分析等	对建筑物的各项耗能指标进行汇总分析，动态展示能耗状态

3.4.6　企业BIM应用考核评价方式及流程

《中建七局建装公司BIM中心运营方案》（建七装企〔2017〕213号）中，明确了内部服务流程：

1. 服务协议签订

BIM技术服务项目所在单位与BIM中心签订技术服务协议，明确以下内容：

（1）服务的内容、范围和要求。

（2）服务计划、进度和期限。

（3）风险责任的承担。

（4）收费标准及方式。

（5）违约金或者损失赔偿的计算方法。

（6）解决争议的方法。

（7）其他需明确的事项。

2. 服务收费标准及结算方式

（1）收费标准

BIM中心对内服务按项目类别（建筑面积或幕墙面积）进行收费，最终结算金额以在施项目实际面积为基数在最后一个阶段服务结算中调整，不计入项目考核成本。

（2）结算方式

BIM中心与在施项目部根据BIM实施进度分阶段办理内部结算，公司财务资金部根据双方内部付款单据予以划拨至BIM中心。

投标阶段：投标结束后一次性办理。若自营项目投标未中标，则不再收取费用。

施工阶段：协议签订后模型建立，结算40%；BIM应用点实施后，结算40%；项目完工提供所有BIM成果，结算20%，同时对BIM团队服务质量进行满意度评价。

3. 考核管理

BIM中心经营目标责任书与公司总部部门责任书同期签订，同期考核。责任书由公司企业策划与管理部牵头制定。

（1）年度考核维度

年度考核时，考核维度分为三个：

年度工作目标：是对BIM中心年度工作目标责任书完成情况的考核，占50%。

年度管理绩效：是对BIM中心管理效能的考核，占30%。

二级单位满意度评价：是对BIM中心服务、沟通、协作情况的考核，占20%。

（2）绩效薪酬系数

企划部根据BIM中心考核得分，按规定确定考核档级，得出绩效工资系数。

3.5 建筑业企业BIM价值评价标准及规则——上海建工集团股份有限公司

3.5.1 企业介绍

上海建工集团股份有限公司（以下简称上海建工）为地方国企。根据2021年年度统计结果：新签合同4425.06亿元，营业收入2810.55亿元，员工人数51369人；在建项目数4235个（境内项目4193个，境外项目42个），其中按类型划分包括：房屋建设1290个、基建工程151个、专业工程1924个、建筑装饰561个、其他309个。

上海建工立足上海、全国布局、服务全国、海外发展，以长三角为重心，深耕华南、华中、海南、西南、京津冀、雄安、东北七大区域，业务覆盖全国34个省级行政区的150多座城市，在海外42个国家或地区承建项目。上海建工目前拥有：建筑工程施工总承包特级资质、市政公用工程施工总承包特级资质、公路工程施工总承包一级资质、机电工程施工总承包一级资质、桥梁工程专业承包一级资质、钢结构工程专业承包一级资质、市政行业工程设计甲级资质、建筑行业（建筑工程）设计甲级资质等。

3.5.2 企业BIM应用基本情况简述

1. BIM应用起步阶段

浦江双辉大厦项目（2007~2011年），是上海建工BIM应用的首个工程，在BIM专项领域，尝试用数字化的方式初步探索解决包含机电管线综合、复杂劲性柱节点和施工模拟在内的工程技术难题。

为加快企业数字化转型进程，2011年11月，在集团范围内开展为期3个月的BIM技术系列培训，培训对象为各子集团技术人员，通过培训活动，培育了一大批骨干力量，至今仍奋战在上海建工数字化、信息化战线上。

2. BIM应用探索深入阶段

上海中心大厦项目（2009~2015年），作为上海建工BIM技术深入应用的超高层标志性项目，总高度为632m，是目前我国已建成的第一高楼。上海中心大厦由于其独特的定位，工程追求的不仅是建筑本身的物理高度，更是理念高度、科技高度、文化高度及管理高度。尤其是对于"管理高度"，期望引领工程建设领域的项目管理未来发展方向，力求在行业中发挥引领和标杆作用。上海中心大厦工程引入BIM，带来的不仅仅是更先进、更高效的应用软件技术，更多的是工作方式、工作流程，以及管理模式的一种变革。

上海迪士尼项目（2011~2016年），BIM技术在迪士尼项目中得到了广泛的综合应用，以管线综合、三维深化设计、虚拟施工、进度模拟、工程量统计等为代表的BIM应用在迪士尼项目各主题乐园及单体中普遍应用。同时，围绕三维扫描、三维打印、工厂化预制加工及BIM协同平台，BIM技术也进行了大量围绕实践的跨领域、跨学科创新应用。

3. BIM应用全面应用阶段

最近几年，随着建设项目的日益复杂、BIM技术的全面推广以及BIM从业人员的大幅增加，在绝大多数项目建造全过程中，从招投标开始，设计策划阶段、施工阶段、运维阶段对BIM技术有了不同程度的应用，尤其是在数字化交付、数字孪生、智慧城市建设方面也有了较多深入的探索实践。

根据科技投入估算，集团近三年BIM应用投入在2.5亿元左右，现阶段BIM应用人数1500人，集团工程研究总院（BIM研究所）、总承包部（信息中心）、设计总院（BIM工作z室）及各子集团公司（BIM中心）以各种组织形式开展了BIM团队建设，BIM团队在条线上归总工程师主管，在业务上与工程部、质量部、安全部、商务部存在大量的业务来往关系。

3.5.3 企业BIM应用建设思路

上海建工在BIM技术应用实践过程中，积累了一些有关BIM应用建设的思考，简单表述有如下几个方面：

1. BIM数据共享，全生命周期服务的建设理念

数据共享是BIM技术发展的基本前提，BIM技术能实现从设计到运维的数据竖向传递，上海建工作为全生命周期服务商的领跑者，BIM应用体系建设首先要满足数据的共享，BIM为企业项目精细化管理、信息化管理提出了更高的要求，伴随着工程的从无到有，实现了工程数据的诞生、传递、整合、修正、归档，是工程项目的数字灵魂。

2. BIM应用应大胆尝试，重在实践

BIM应用既受软件、硬件技术水平的限制，也受制于当前的建设环境和社会要求。BIM应用在一些新的领域没有标准的做法，也无成功的经验，需要BIM从业人员大胆尝试。在尝试的过程中，可能在某个阶段BIM应用还不成熟，技术问题终将会被解决，还需要在实践中逐渐构建适合BIM应用的外部建设环境，除此之外，实践出真知，实践是检验BIM应用价值的唯一标准。

3. BIM应用需融合传统，勇于创新

BIM应用一定是来自业务需求，根据需求寻找成本与业务的最佳融合点，合适的就是最好的，不是BIM应用越先进越好。在这个过程中，除了融合，还有一个就是创新能力。

企业BIM应用发展进程中，大量的创新工作来自基层单位和基层人员，基层人员创新具备天然的优势：①不需要去寻找创新点，对于当前最紧迫的问题，能以一种新的方式去解决，这就是创新；②熟悉旧模式、旧方法的弊端，辅以新技术、新思路，创新容易出成果；③不需要去进行成果转换，一旦证明新的方式能解决问题，直接去应用，若能提升工作效率，具备条件即可推广。

3.5.4　企业BIM应用的要求

企业的BIM应用要求，总体说来，包含以下两个方面：

1. BIM应用以解决实际问题为导向

BIM技术的应用，是否能提升企业经营能力。通过BIM制定更加合理的方案，更强大的可视化效果展现，更精准地进行造价测算，大幅提高投标竞争能力。

BIM技术的应用，是否能提升项目策划能力。项目中标后，如何更好地实施，以获得最大效益、控制工期、保证质量和安全。利用BIM数据支撑，准确制定成本计划、采购计划、资金计划、周材计划、人员计划，利用BIM技术支撑，制定成本更合理、工期更合理的施工方案，发现技术难点、施工难点、安全隐患。

除此之外，BIM技术的应用，是否能提升计划控制能力、提升资金支付控制能力、对材料消耗进行总体控制、对施工工期进行控制、减少安全隐患、增加利润、减低成本、降低对人的要求、提升协同能力等。对于以上具体问题，设定BIM应用具体目标，标准化量化BIM应用标准。

2. 继续放大BIM应用在项目信息化管理方面的优势

基于BIM的工程项目信息，打破了信息孤岛，对企业项目精细化管理、信息化管理提出了更高的要求。BIM技术为建筑业注入了新的活力，也为工程类企业带来了新的挑战，BIM技术的应用点越来越多，从最初的碰撞检查逐渐深入到工程项目管理层面。随着BIM技术的愈加成熟，BIM技术的核心价值会逐渐向信息化靠拢，既是应用的升华，也是返璞归真。

立足企业自身长远发展，从工程项目信息化管理、企业精细化管理需求出发，将基于BIM技术建立的工程项目业务信息化系统与企业管理信息系统合而为一是趋势。要想做好企业的信息化，技术问题已不再是难点，主要问题是我们能不能与企业实际业务相结合，能不能与企业的长远发展战略相融合。

3.5.5　企业BIM应用的评价标准细则

企业BIM应用评价标准细则，主要包括：BIM应用管理制度、BIM日常管理办法、BIM合约管理制度、BIM履约评价体系、BIM分包管理制度和BIM奖惩机制等。

以BIM应用管理制定为例，简单描述如下，管理评价标准包括：

1. 质量管理目标

（1）项目实施的过程文件及交付成果，其成果质量合格率达100%。

（2）项目甲方及相关参与各方，对BIM总体满意度评价达到"满意"。

（3）以合同履约为基础，合同履约率达到90%以上。

2. 管理流程（此处略，详见3.6.6节）

3. 三级成果审核制度

针对BIM成果，执行多级审核机制，规避可能出现的问题，通过多级监管，及时给予指导和纠偏，确保项目目标的顺利实现。

4. 日常管理办法

针对BIM技术服务团队，执行日常工作管理办法，主要从进场的人员登记及工作交底开始，结合后续项目推进过程中的人员工时管理及日常工作管理制度，做到全面细致、时时刻刻的质量成果把控。

5．定期汇报制度

汇报内容包含但不限于项目的BIM成果内容、BIM工作计划、BIM实施情况。全员共同参与，通过定期汇报详细交流，集中各方意见，使BIM工作能在项目上全面、细致、不断优化地推行下去。

6．合约管理制度

以总承包合同规定为基础，将总承包合同内的BIM要求纳入BIM技术分包企业服务要求内，使分包合同内对BIM人员、质量、进度、安全等要求完全处于受控状态之中，确保工作如期完成。

7．履约评价体系

以总承包合同规定为基础，以过程实施为考量标准，开展年度履约评价工作，履约评价参与方包含公司BIM中心负责人及技术人员、项目技术负责人、BIM经理及相关技术人员。

通过开展年度履约评价工作，对BIM技术服务有一个全面的评估，确保BIM合同的全面履行。

8．奖惩机制

实施分包奖惩机制，以赏罚分明为界限，凸显BIM人性化管理，促进项目实施过程中良性工作氛围的形成。

3.5.6 企业BIM应用考核评价方式及流程

BIM应用考核评价方式，采取三级成果审核制度，具体描述为：

三级审核机制，旨在为本项目BIM技术管理过程中，规避可能出现的问题，通过多级监管，及时给予指导和纠偏，确保项目目标的顺利实现。

（1）一级审核机制，由项目BIM负责人发起，具体审核内容有：

1）全面核查提交过程中的所有BIM模型成果。

2）全面核查提交过程中的所有BIM模拟成果。

3）全面核查提交过程中的所有BIM报告文件。

4）全面核查实施过程中的BIM应用流程及应用情况。

5）不定期与甲方BIM代表及项目各参与方沟通，了解BIM技术人员工作情况及服务态度。

（2）二级审核机制，由项目技术负责人、BIM中心本部及以上人员发起，具体审核内容有：

1）以月度或季度为单位，抽查过程中或已提交的BIM模型成果。

2）以月度或季度为单位，抽查过程中或已提交的BIM模拟成果。

3）以月度或季度为单位，抽查过程中或已提交的BIM报告文件。

（3）三级审核机制，由公司BIM技术负责人、片区经理及以上人员发起，具体审核内容有：

1）不定期抽查过程中或已提交的BIM模型成果。

2）不定期抽查过程中或已提交的BIM模拟成果。

3）不定期抽查过程中或已提交的BIM报告文件。

4）不定期与甲方及项目各参与方沟通，了解BIM技术人员工作情况及服务态度。

三级成果审核制度的简要流程描述如下：

（1）分包BIM技术人员在完成相关BIM成果后，提交分包BIM负责人。

（2）由分包BIM负责人完成其分包BIM团队成果的全面核查工作，核查依据为BIM合同要求或成果约定要求等；经分包BIM负责人核查判定，如成果不符合交付要求，应退回重新修改。

（3）总承包BIM中心驻该项目BIM负责人启动一级审核机制，针对分包BIM负责人所提交的BIM成果，进行全面核查。

（4）以月度或季度为单位，启动二级审核机制，抽检BIM分包技术服务项目的成果文件，抽检内容随机，包含BIM模型、模拟成果、报告文件等。

（5）经总承包BIM中心本部BIM经理及以上人员判定，如成果不符合交付要求，将填写《BIM成果核查确认单》，退回驻该项目BIM负责人处，由BIM负责人与分包BIM负责人约定整改内容及整改日期后及时跟进修改。

（6）不定期启动三级审核机制，抽检BIM技术服务项目的成果文件，抽检内容随机，包含BIM成果、甲方满意度、项目各参与方满意度等。

（7）经项目总承包项目部BIM负责人及以上人员判定，如符合成果交付要求，将填写《BIM成果核查确认单》，并签字确认存档。

3.6　建筑业企业BIM价值评价标准及规则——厦门特房建设工程集团有限公司

3.6.1　企业介绍

厦门特房建设工程集团有限公司（原福建省四建建筑工程有限公司，以下简称特房建工公司）系厦门经济特区房地产开发集团有限公司（特房集团）全资子公司，创建于1951年，2022年3月随特房集团并入厦门轨道建设发展集团有限公司，注册资金7.25亿元，是一家具有建筑工程施工总承包特级及人防工程（甲级）、建筑工程（甲级）、市政公用工程总承包、钢结构、建筑装修装饰、地基基础、电子与智能化、防水防腐保温、消防设施、建筑机电安装、古建筑等10余项专业承包资质的企业。旗下拥有7家全资、控股子企业。

3.6.2　企业BIM应用基本情况简述

BIM中心成立于2014年，是在综合特房集团房地产开发、设计、施工总承包、专业分包、物业运维等全产业链优势的基础上组建的，确立了以BIM技术提升精细化管理，为企业转型升级和延伸集团全产业链为主线打下良好基础。公司通过BIM的实施和实践总结，逐步形成统一的应用标准，截至目前已完成20余份BIM相关企业标准的制定和修订，形成完整的BIM技术标准化服务体系。BIM中心配置人员十余人，同时拥有自持的三维激光扫描仪、智能放样机器人、无人机等设备，公司下设装配式培训基地及独立的BIM电教室。

BIM中心在项目实施方案、技术应用、流程管理、BIM总控管理等方面有丰富的实践经验，不断探索研究BIM在项目全过程的深度和广度应用，在EPC、装配式等项目上深入实践；在设计BIM多专业解决方案的基础上，进一步实现落地深化应用，加强进度、质量、安全、成本的管控能力，实现信息互通与精细化管理；通过虚拟建造指导协调现场施工，深化工程创优方案，实现提质增效，服务公司经营和生产管理的需求。

近年来，BIM中心参与了1项国家行业标准编制、4项省标编制（主编2项），形成了1项厦门市科协课题研究成果和2项厦门市建设局科技课题研究成果；参与了4项市标编制（主编2项）；同时在省市主办、承办多场BIM技术沙龙、交流会和研讨会等会议。

BIM中心成立至今，在多年项目经验的积累下取得了诸多荣誉：曾获国际级奖项1项，即2019"智建中国"国际BIM大赛施工组一等奖；国家级奖项10项："龙图杯"全国BIM大赛施工组二等奖、三等奖、优秀奖等4项，"中国建设工程BIM大赛"卓越工程二类成果、三类成果、三等奖等6项；此外，还曾获得16项省级奖项和6项市级奖项。

3.6.3 企业BIM应用建设思路

BIM中心成立初期专注于项目技术应用实施，企业选定某酒店项目做样板，投入所有BIM技术力量与管理支持，通过两年沉淀出符合企业施工管理应用要求的BIM实施方案、BIM应用流程、BIM技术标准等，并培养第一批BIM技术人员。而后开展全员BIM培训，要求企业在建项目广泛推广应用，并选定重点项目挖掘BIM技术在住宅项目中的应用深度。同时，逐步将BIM技术应用前移，开启全产业链的设计、施工一体化探索。

企业BIM技术应用成果在各类奖项申报、省市级试点示范项目上取得了丰硕成果，极大肯定了公司在项目BIM实施方面的工作成果，也促进公司加快BIM技术应用和研究。如今BIM中心最重要的任务是服务好公司生产和经营，深耕于项目应用实施，实现BIM应用落地、项目团队认可、业主满意；参与工程项目投标，做到快速、优质，分析深入；大力加强EPC与装配式应用，从设计端开展BIM深化，提升应用效益。通过BIM作为企业亮眼的名片为企业带来更大的价值。

3.6.4 企业BIM应用的评价标准细则

为进一步促进集团公司建筑信息模型（BIM）技术在建设工程全生命周期的推广、应用，评价项目BIM应用成果、统一评价标准，便于不同项目之间的对比分析。同时，为满足企业项目过程中BIM技术落地应用的管控和竣工后项目的应用实施验收，依据企业BIM相关标准和《福建省建筑信息模型（BIM）技术应用指南》，结合我司BIM技术应用实际情况制定项目季度检BIM管控要点（表3-3）和验收评价标准细则（表3-4）。

项目季度检建筑信息模型（BIM）管控要点　　　　表3-3

<table>
<tr><td colspan="5" align="center">厦门特房建设工程集团有限公司项目BIM__季度检查表</td></tr>
<tr><td colspan="5">受检项目：
检查日期：　　　年　　　月　　　日</td></tr>
<tr>
<th>序号</th>
<th>管控项</th>
<th>管控指标</th>
<th>检查内容</th>
<th>分值</th>
</tr>
<tr>
<td rowspan="5">1</td>
<td rowspan="5">BIM应用</td>
<td>专项方案</td>
<td>（1）项目开展BIM专项应用前有健全的专项实施方案，得10分。
（2）专项方案未在施工前通过总包内部及监理审批，扣4分；专项方案深度不足，对现场施工无实际指导效果，扣3分。
（3）专项方案模拟未提前发现可预见的问题，若未造成重大影响，每发现一项扣2分。
（4）专项方案模拟未提前发现可预见的问题，且造成重大影响（如返工，变更等）或未提交专项策划方案，得0分</td>
<td>10</td>
</tr>
<tr>
<td>优化复核</td>
<td>（1）实施过程能进行纠偏，并与相关班组、人员进行方案的讨论优化，同时针对变更管理均经BIM专项复核，确认变更方案的可行性，且变更单附上相应BIM复核确认单、BIM复核材料及成果作为依据，得5分。
（2）未体现方案优化前后对比（需有对比资料），每项扣2分。
（3）方案未与相关小组讨论（需有佐证资料），每项扣2分。
（4）变更单未经BIM专项复核，每项扣2分；变更单未附上相应BIM复核确认单、BIM复核材料及成果作为依据，每项扣2分。
（5）未进行方案优化及变更管理，得0分</td>
<td>10</td>
</tr>
<tr>
<td>成果交底</td>
<td>（1）BIM成果技术交底组织完善，在施工过程中持续跟踪BIM成果的落地性，结合现场情况提供完善的BIM成果优化方案并加以落实，得15分。
（2）未进行BIM成果交底扣5分，未通知相关监管BIM人员扣2分，成果交底深度不够或不完善扣1~3分。
（3）未在施工过程中跟踪BIM成果落地性（需体现BIM成果实际指导施工、实模一致性及相关影像资料）扣5分，跟踪BIM成果落地性过程不完善扣1~4分。
（4）未有相关BIM优化成果扣5分，提供的BIM成果优化方案不完善或未加以落实BIM优化成果扣1~4分</td>
<td>15</td>
</tr>
<tr>
<td>成果总结</td>
<td>（1）进行BIM应用实施成果总结，能从事前、事中、事后等多方面进行分析，形成标准化总结文件，得15分。
（2）总结不全面、未到位且未提交相关成果总结资料，扣8分。
（3）总结中未体现BIM成果落地性的数据分析、效益对比分析、不足之处及对应改进措施，每项扣3分。
（4）未有相关BIM成果总结，得0分</td>
<td>15</td>
</tr>
<tr>
<td>广度和深度</td>
<td>（1）当季度工作中有体现BIM应用实施的广度和深度，得5分。
（2）应用广度（当季度工作量与总体实施方案匹配度）不足，扣2分。
（3）应用深度（重点体现BIM应用的落地性）不满足要求，扣3分</td>
<td>5</td>
</tr>
<tr>
<td rowspan="2">2</td>
<td rowspan="2">进度计划</td>
<td>落实情况</td>
<td>（1）当季度整体工作事项满足BIM月进度计划及项目总体进度计划要求，得10分。
（2）当季度工作事项未完成或滞后于BIM月进度计划，每项扣2分，扣完为止</td>
<td>10</td>
</tr>
<tr>
<td>进度纠偏</td>
<td>（1）对比季度进度计划，进度正常或超前的，或在进度出现偏差时能按要求及时准确分析滞后原因并采取有效措施纠偏，得5分。
（2）未分析滞后原因，或未制定有效措施，或未及时纠偏整改，每项扣2分，扣完为止</td>
<td>5</td>
</tr>
<tr>
<td>3</td>
<td>协同平台</td>
<td></td>
<td>（1）平台使用包括但不限于资料管理、信息录入、技术交底、生产应用等方面，得10分。
（2）发现资料管理不全、信息录入不及时、技术交底和生产应用等方面不全面的，每发现一次扣2分，扣完为止</td>
<td>10</td>
</tr>
</table>

厦门特房建设工程集团有限公司项目BIM__季度检查表

受检项目：
检查日期： 年 月 日

序号	管控项	管控指标	检查内容	分值
4	考勤		（1）相关BIM人员满足合同约定的出勤率要求，得5分。 （2）发现相关BIM备案人员不满足出勤率要求，每人次扣2分，扣完为止。 （3）相关BIM人员请假未提前报备，每人次扣2分，扣完为止。 （4）考勤抽查时，相关BIM人员无特殊事由未在场，项目负责人及技术负责人每人次扣1.5分，其他人员每人次扣0.5分，扣完为止	10
5	配合度		（1）根据当月工作事项，按要求及时完成，能积极配合业主、代建或管控单位完成项目相关工作，得10分。 （2）未能及时完成业主、代建或管控单位要求工作，每项扣2分，扣完为止	10
合计				100
6	加分项	BIM创新应用	当月工作事项中，BIM应用实施中有基于BIM在管理模式或技术创新上的重大突破，根据创新应用酌情给分，满分10分	10
7	扣分项	整体进度计划	若未根据现场实际情况及项目需求及时对BIM整体进度计划进行纠偏的，扣10分	—
总分				

检查部门： 检查人员：

项目建筑信息模型（BIM）验收评价标准细则 表3-4

序号	评价内容	评价标准	评价分数
1		项目BIM体系建设	15
1.1	实施策划	（1）编制项目BIM实施策划，且实施策划至少得到企业技术负责人的审批并实施，得0.5分。 （2）项目申请通过立项，包含省市试点示范项目、CIM试点示范项目，得0.5分。 （3）该策划BIM应用目标明确，有明确组织架构、制度建设、实施方案、应用策划、成果要求等，得0.5分	1.5
1.2	应用阶段参与度	项目选择在设计、施工、运营维护等阶段实施BIM技术应用，其中一个阶段应用得1分，两个阶段应用得2分，三个阶段应用得4分	4
1.3	实施方案	（1）编制项目BIM实施方案，实施方案至少得到企业技术负责人的审批并实施，且在实施过程中根据项目实际情况进行修改，形成动态变更，满分1分。 （2）在第一点基础上同时编制标准体系、指导手册、工作流程等，以上文件至少得到企业技术负责人的审批并实施，且在实施过程中根据项目实际情况进行修改，形成动态变更，满分2分	2
1.4	组织架构	（1）项目有专业的BIM人员，组织架构中各方人员分工明确，责权清晰，满分2分。 （2）在第一点基础上同时建立以项目负责人为第一责任人的BIM组织架构，且在项目BIM组织中有相关参建方管理人员的职责，组织体系全面，层次清晰，人员稳定，利于BIM目标的实现，满分3分	3

续表

序号	评价内容	评价标准	评价分数
1.5	人员素质	项目BIM团队成员持有BIM相关证书，每本初级证书计0.1分；每本中级证书计0.2分；每本高级证书计0.5分（认可有效期内的相关BIM个人技能证书）。分数可累计，但总分不得超过1分	1
1.6	制度建设	制定与BIM工作相关的管理制度，包括奖惩制度、工作流程制度、例会制度（含技术交底）等，实施效果良好，一项得0.5分，满分1分	1
1.7	硬件环境	（1）项目配备BIM独立办公场所，得0.5分。 （2）按照实施策划或实施方案要求，配备网络、BIM专用电脑、工作站等，且满足项目BIM运行需求，得0.5分。 （3）根据项目需求配备相应设备，例如无人机、三维扫描仪、放样机器人、3D打印、VR设备等，得0.5分	1.5
1.8	软件环境	（1）按照实施策划或实施方案要求，配置相应软件，得0.5分。 （2）根据项目应用要求，BIM多软件组合应用，包括建模软件、分析软件、应用软件、协同软件等，得0.5分	1
2		应用实施	70
2.1	模型质量	（1）建立项目BIM模型，模型精度、完整度满足应用要求，同时符合企业相关BIM标准规定，满分5分。 （2）结合项目需求，模型覆盖程度应包含各专项应用深化模型，满分5分。 （3）建立符合建模标准的BIM模型，模型信息完整，及时更新，全面满足应用要求，满分5分	15
2.2	协同工作	（1）基于BIM协同平台的参与方（建设、设计、施工、咨询）内部BIM进行协同工作，信息与数据交互仅限于某参与方内部，满分2分。 （2）多个参与方基于BIM协同平台进行BIM的协同工作机制，信息与数据在多个参与方之间进行交互，满分4分	4
2.3	数据拓展	若数据满足后期接入CIM平台，已接入视情况而定，满分2分	2
2.4	应用实施	项目BIM技术应用情况包含但不限于以下方面： （1）设计阶段可就前期策划与规划阶段（场地选址、概念模型构建和比选、项目技术经济指标比选、项目可研及立项比选）、岩土工程勘察阶段（基于BIM的岩土工程勘察信息平台、基于BIM岩土工程勘察数据建模）、方案设计阶段（场地与规划条件分析、方案模型构建、建筑性能模拟分析、设计方案比选、项目各项指标分析、建筑造价估算）、初步设计阶段（各专业模型构建、各专业模型检查优化、项目各项指标细化分析、性能化分析、设计概算）、施工图设计阶段（各专业模型构建、建筑与结构专业模型的对比检测、机电管线综合检测及优化、空间净高检测优化、虚拟仿真漫游、项目各项指标复核、性能化分析、施工图预算）等方面展开。 （2）施工阶段可就施工场地布置、可建造性分析、施工深化设计、施工方案模拟、预制加工、进度管理、质量与安全管理、工程量统计与材料管理、施工监理、竣工模型等方面展开。 （3）运维阶段可就建筑设备设施运行管理、空间管理、资产管理、应急管理、能源管理、绿色运维评价、运维管理系统维护等方面展开。 根据应用点应用深度及数量酌情给分，不同应用点可累计，但总分不得超过45分	45
2.5	总结报告	（1）总结报告内容真实、完整，满分2分。 （2）在第一点基础上，总结BIM技术应用与管理经验，总结成熟的技术路线与管理模式，总结经验教训，提出问题与改进建议，可供同类型项目参考，满分4分	4

序号	评价内容	评价标准	评价分数
3		综合效益	15
3.1	人才效益	制定项目BIM人才培养计划，定期开展培训并达到一定的培训期数及人次，同时对培训人员进行考核，并形成可借鉴、可推广的培训体系，满分2分	2
3.2	应用效益	（1）以项目BIM应用为主要载体形成专项BIM应用总结，根据应用点总结深度及数量酌情给分，满分2分。 （2）以项目BIM应用为主要载体并发布的科技成果，例如BIM论文、QC、工法等，每项科技成果得0.5分，满分2分。 （3）以项目BIM应用为主要载体并申请通过BIM专利、软件著作权，每项成果得1分，满分2分。 （4）BIM大赛获奖：获得一项省部级及以上BIM大赛奖项。国家级比赛：一等奖得2分，二等奖得1.5分，三等奖（包括优秀奖）得1分；省部级比赛：一等奖得1.5分，二等奖得1分，三等奖（包括优秀奖）得0.5分，满分2分	8
3.3	经济效益	（1）形成科学、合理的经济效益测算方法及报告，测算方法在实践中取得良好效果，满分1分。 （2）效益良好，获得业主、监理的实施评价，并出具经济效益证明，满分1分	2
3.4	社会效益	项目BIM应用，在地方或者行业产生一定的社会影响，例如媒体报道、举办观摩、建设单位表彰等，每项得1分，满分3分	3
4		应用创新点（附加分）	0~10
由验收专家组根据项目实际情况，可包含但不限于在管理模式与技术创新等方面进行评价与打分。例如：基于BIM技术的创新管理模式、开发或应用项目级平台、二次开发应用、参数化设计、轻量化管理平台及其应用、基于BIM应用为载体的省部级科技奖等方面			

3.6.5 企业BIM应用考核评价方式及流程

1. 评价方式

（1）评价分为资料预审及现场答辩评分，条件具备时可采用远程评价形式。

（2）评价标准以体现项目应用BIM技术的系统性、真实性和效益性为原则，从项目BIM体系建设、应用实施、综合效益、应用创新点4个方面，18个指标，共计100分的基础分和BIM技术应用创新点附加分10分，合计110分。基础分评分达60分及以上项目，判定为通过评价验收。

（3）对于评价结果为通过的项目，根据最终的评价得分判定评价等级。评价等级与分数间的对应关系按照表3-5确定。

评价等级区间 表3-5

等级	1星	2星	3星
评价得分（含基础分和附加分）	[60，75）	[75，90）	[90，110]

（4）评价时，评价专家组每一位成员应对每一评价指标、评价点进行打分并应符合表3-4《项目建筑信息模型（BIM）验收评价标准细则》要求，当出现未填写或未评价项或

违反表3-4的评分原则时，则该评价者的评价应视为无效评价。

（5）当采用现场答辩评分时，评价前评价人员应阅读参评资料，并应提前到参评项目现场进行调查和访谈，观看项目信息模型BIM应用演示。

（6）最终得分为专家组成员有效评分的算术平均值（7名及以上评委时，最终得分为专家组成员的有效评分去掉一个最高分和一个最低分后的算术平均值）。

2．评价流程

工程项目BIM应用评价的基本流程应包括评价通知、评价预审、组织专家组、评价执行、评价结果等。评价流程应符合图3-1所示。

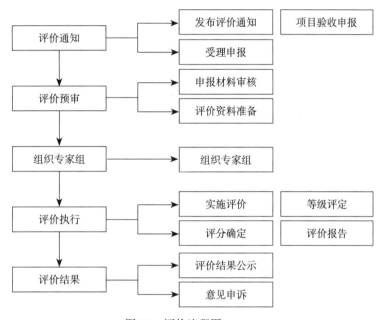

图3-1　评价流程图

（1）评价通知：发布项目评价通知，对各申报项目提交的评价申报进行受理。

（2）评价预审：对提交的申报材料进行审核，审核通过后，申报项目准备评价资料。评价资料包括但不限于以下内容：

1)《特房建工建设工程项目信息模型（BIM）应用评价申请书》。

2)《特房建工建设工程项目信息模型（BIM）应用验收报告》（提交PDF格式电子版），报告应主要包含但不限于以下内容：

①项目概况。

②BIM技术应用策划情况。

③BIM技术应用实施情况。

④BIM技术应用成效情况。

3)项目实施过程及成果资料（包括但不限于实施过程中的BIM模型及相关的应用成果，包含设计、交底、出图、模拟、仿真、分析、应用成果统计数据等基础工作成果，以及BIM与现代信息技术、数字化技术等结合形成的模型集成应用成果，如相关图片、视频资料，数据文件、平台操作截图、视频等）。

4）有运维管理应用的，需要提交基于BIM的运维管理平台功能录屏文件、软件著作权证书/产品采购合同（扫描件）以及操作说明书等资料（提交电子版）。

（3）组织专家组：确定专家，组织验收专家组，专家组人数宜为单数。

（4）评价执行：专家组按照项目建筑信息模型（BIM）验收评价标准细则，结合项目类型开展评价工作，并对申报项目进行评分及最终的等级评定，最后提交评价报告。

（5）评价结果：对最终通过评价验收的项目进行评价结果公示，申报项目对评价结果有异议的可进行申诉。

3.7 建筑业企业BIM价值评价标准及规则——深圳市天健建工有限公司

3.7.1 企业介绍

深圳市天健建工有限公司（以下简称天健建工）是深圳市属国有上市企业天健集团直管企业，具有建筑工程施工总承包一级资质，现有在册员工1150人，前身为深圳市天健建筑工程有限公司。经过近40年发展，天健建工逐步形成了立足深圳，覆盖珠三角，深耕华南，东进长三角，北拓京津冀，面向全国的经营格局。2022年天健建工目标拓展额128亿元，现有自营在建项目近60个，2022年目标营业收入65亿元。

3.7.2 企业BIM应用基本情况简述

1. BIM应用启动时间与BIM应用推进阶段

天健建工于2016年11月8日正式成立BIM中心，2017年首次应用BIM技术创建上海南码头商办地块BIM模型和天健科技大厦工程BIM模型等，并通过BIM技术参数化，实现工程量统计；通过BIM技术可视化，提高各参与方的沟通效率和质量，降低由于信息不对称带来的工程变更、返工；利用BIM相关软件对管线密集部位进行二次深化设计，解决了管路的交叉、冲突问题，解决了机电专业与土建、机电专业之间碰撞问题；通过BIM虚拟建造、优化等手段提高工程项目建设的综合品质，为社会提供优质的公共产品。

2018年至今，天健建工BIM中心先后创立天健公馆、天健天骄、天健创智新天地等BIM模型并投入施工BIM管理应用阶段，通过BIM 5D平台与BIM技术应用相结合，在项目规划、设计、采购、施工、制造、交付和运维等各个环节进一步推进BIM一体化应用，从而提升工程进度、质量、安全、成本等多方面效率。通过BIM技术实现数字孪生，建造期间参与方利用BIM模型信息与现场信息的实施交互，清晰了解各方资源情况，进而实现全参与方的资源效率最大化配置。

未来深圳市本地项目将搭建基于BIM技术应用的项目管理平台，为各阶段的BIM应用及各参与方的数据交换提供一体化信息平台支持，实现建设各阶段信息传递和共享，提升项目管理效能。

2. 组织机构建设情况

天健建工BIM管理机构按工作岗位级内容分为决策层、督促层、推进层、执行层4个层级。

3.7.3　企业 BIM 应用建设思路

1. BIM 应用目的

初期探索阶段，天健建工 BIM 应用范围主要涵盖重点项目，通过打造示范项目，探索项目 BIM 典型应用点。过程中不断培养 BIM 技术人才，使企业具备 BIM 技术能力。前期发展阶段，从 BIM 技术应用走向"BIM 技术+管理"应用，借助 BIM 管理平台，提取 BIM 数据，并通过数据应用达到项目管理提升的目的。中期提升阶段，通过"BIM+智慧工地"应用，泛化 BIM 概念，通过"云、大、物、移、智"等新技术与 BIM 技术相结合，以达到大数据辅助管理决策的目的。

2. BIM 应用定位

天健建工 BIM 技术应用初期用于辅助项目技术、质量提升，例如三维场地布置、砌体排砖、管线综合应用等传统 BIM 技术应用。前期 BIM 技术用于辅助项目现场管理，例如安全管理、质量管理、技术管理、生产管理等各业务线条应用。中期 BIM 技术用于辅助打造数字化工地应用，例如"BIM+GIS""BIM+物联网""BIM+大数据"等新技术应用。

3. BIM 应用价值

天健建工 BIM 技术应用价值主要体现在两个方面：对于项目而言，通过 BIM 技术应用，对项目各业务线条不断深入应用，提升项目精益化管理能力；对于公司而言，通过 BIM 技术应用，在项目传统五要素的基础上，结合"云、大、物、移、智"等新生产要素，对项目进行数字化监管，提升企业"BIM+数字化"应用能力。

3.7.4　企业 BIM 应用要求

1. BIM 应用要求

BIM 应用原则为"横向到边，纵向到底"。"横向到边"是指要基于项目需求，BIM 技术应用内容尽可能涵盖各业务线条，提升 BIM 应用广度。"纵向到底"是指每一个业务线条 BIM 应用应当符合业务需求，并在此基础上不断深入应用，加大 BIM 应用深度。

BIM 应用要求为"始于项目，终于项目"。"始于项目"是指要从项目实际需求出发，利用 BIM 技术相应特点，对症下药，辅助项目现场解决全部或部分问题，过程中形成相关 BIM 成果；"终于项目"是指最终的 BIM 成果要服务于项目现场施工，能够为项目施工提出指导性意见，达到提升质量、节约资源、节省工期的目的。

2. BIM 管理制度

BIM 技术应用管理制度，必须包含三个方面：执行、管理、推动。执行类制度主要针对 BIM 工程师，要做到简单、易懂，例如操作指引、工作手册等；管理类制度主要针对 BIM 主管或 BIM 项目经理，要做到责任到人、赏罚分明，例如 BIM 小组管理制度、BIM 驻场管理制度等；推动类制度主要针对 BIM 分管领导、BIM 负责人，要做到易执行、有反馈、可追溯，例如智慧工地星级划分制度、BIM 标杆项目制度等。

执行类制度决定 BIM 技术应用深度，管理类制度决定 BIM 技术应用高度，推动类制度决定 BIM 技术应用广度。以上三类制度相辅相成，缺一不可。

3.7.5 企业BIM应用的评价标准细则

为切实推进企业BIM应用落地，健全完善评价标准体系，推进企业BIM技术的全员参与，结合企业的实际情况，制定相应的企业BIM应用的评价标准细则，并以此推动企业从信息化方向转型升级。

1. 适用范围
市政府投资和国有资金投资项目、市区重大项目及重点片区项目。

2. 考核时间
每年季度节点。

3. 考核内容
由在建项目和企业层级BIM技术应用两部分组成。

（1）在建项目
BIM应用要求（具体应用要求详见表3-6）：

1）施工BIM实施准备：项目施工BIM实施前组织编制《BIM实施方案及清单》。

2）BIM应用实施主要内容：施工BIM模型命名和编码、BIM深化设计、施工总平面优化、施工工艺模拟、施工交底、工程量统计、工程质量管理、施工安全管理、工程进度管理、工程成本管理及竣工模型等。

3）参建施工单位应通过信息化平台实现施工过程管理信息的传递、应用及留痕。

在建项目BIM应用实施清单　　　　　　表3-6

序号	应用点	序号	应用点
1	BIM模型创建	12	支撑体系深化设计
2	施工场地布置	13	材料量统计和预制加工
3	临建CI标准化	14	钢结构采购、加工及安装
4	大型设备吊装路线碰撞检测	15	基于平台的质量管理
5	施工工艺模拟	16	基于平台的安全管理
6	机电深化设计	17	基于平台的技术管理
7	可视化技术交底	18	基于平台的进度管理
8	二次结构深化设计	19	智慧工地应用
9	BIM模型辅助图纸会审	20	竣工模型交付
10	钢筋施工指导	21	……
11	模板深化设计		

（2）企业层级
企业层级BIM技术应用要求见表3-7。

企业层级BIM应用考核清单　　表3-7

序号	考核内容
1	BIM建模标准清单
2	编制相应BIM应用实施方案范本
3	定制企业级标准构件族库、项目样板
4	创建质量三维图集
5	建立企业级BIM工作站，并配套相应管理制度
6	开展BIM技术应用专项培训工作
7	搭建基于企业内部项目BIM技术应用的项目管理平台，实现信息整合、业务协同、智能决策
8	……

3.7.6　企业BIM应用考核评价方式及流程

1．评价考核方式

企业BIM应用评价考核体系主要分为在建项目和企业层级。

（1）在建项目的考核评价内容标准等级按星级评定划分为"一星级""二星级""三星级"，具体见表3-8。

在建项目BIM应用评价考核方式　　表3-8

序号	考核标准		星级评定标准		
			一星级	二星级	三星级
1	合理的BIM团队架构		☑	☑	☑
2	切合项目实际的BIM实施方案		☑	☑	☑
3	BIM技术应用点	BIM模型创建	☑	☑	☑
4		施工场地布置	☐	☑	☑
5		临建CI标准化	☐	☐	☑
6		大型设备吊装路线碰撞检测	☐	☐	☑
7		施工工艺模拟	☐	☑	☑
8		机电深化设计	☑	☑	☑
9		可视化技术交底	☐	☑	☑
10		二次结构深化设计	☐	☑	☑
11		BIM模型辅助图纸会审	☑	☑	☑
12		钢筋施工指导	☐	☐	☑
13		模板深化设计	☐	☐	☑
14		支撑体系深化设计	☐	☐	☑
15		材料量统计和预制加工	☐	☐	☑
16		钢结构采购、加工及安装	☐	☐	☑

序号	考核标准		星级评定标准		
			一星级	二星级	三星级
17	BIM技术应用点	基于平台的质量管理	□	□	☑
18		基于平台的安全管理	☑	☑	☑
19		基于平台的技术管理	□	☑	☑
20		基于平台的进度管理	□	□	☑
21		智慧工地应用	☑	☑	☑
22		竣工模型交付	☑	☑	☑

（2）企业层级BIM应用评价考核需结合项目级、企业级应用情况进行整体评价，评价等级分为"S（卓越）""A（优秀）""B（良好）""C（合格）""D（不合格）"，具体见表3-9。

企业层级BIM应用评价考核方式　　　　　表3-9

企业整体评价	项目级应用情况	企业级应用情况
S（卓越）	三星级项目覆盖率达60%；二星级项目覆盖率达100%	建立企业级BIM工作站，并配套相应管理制度；创建BIM建模标准清单；定制企业级标准构件族库、项目样板；创建质量三维图集；开展BIM技术应用专项培训工作，培训覆盖率达60%；项目创优报奖2项及以上；搭建企业级项目管理平台
A（优秀）	三星级项目覆盖率达50%；二星级项目覆盖率达100%	建立企业级BIM工作站，并配套相应管理制度；创建BIM建模标准清单；定制企业级标准构件族库、项目样板；创建质量三维图集；开展BIM技术应用专项培训工作，培训覆盖率达50%；项目创优报奖1项及以上；搭建企业级项目管理平台
B（良好）	三星级项目覆盖率达30%；二星级项目覆盖率达100%	建立企业级BIM工作站，并配套相应管理制度；创建BIM建模标准清单；定制企业级标准构件族库、项目样板；创建质量三维图集；开展BIM技术应用专项培训工作，培训覆盖率达30%
C（合格）	二星级项目覆盖率达50%；一星级项目覆盖率达100%	建立企业级BIM工作站，并配套相应管理制度；开展BIM技术应用专项培训工作，培训覆盖率达20%
D（不合格）	二星级项目覆盖率不足50%；一星级项目覆盖率不足100%	建立企业级BIM工作站，并配套相应管理制度

2．评价考核流程

评价考核流程整体分为项目层级内部自查、公司自查、集团总部检查、考核结果通报。

（1）项目层级内部自查

项目BIM技术负责人按季度，按照相应的BIM技术应用评价表组织项目部内部自查。相关负责人填写相应检查表，进行整改，整改期限为一个月，并形成相应检查整改文件及考核评价文件。

（2）公司自查

项目部完成自查之后，BIM中心主管按季度，组织BIM工作站相关人员对本单位在建项目的BIM技术应用情况及公司层级BIM技术应用情况进行统计检查。相关负责人填写相应检查表，进行整改，整改期限为一个月，并形成相应的检查整改文件及考核评价文件。

（3）集团总部检查

集团组织BIM相关部门人员对分公司及其重点项目进行BIM应用情况检查，并形成相应检查意见及考核评价文件。

（4）考核结果通报

项目考评结果分为"一星级""二星级""三星级"三个等级。

公司考评结果分为"S（卓越）""A（优秀）""B（良好）""C（合格）""D（不合格）"，公司将会对考核结果进行相应通报，考核结果将直接影响相关负责人季度及年度绩效考核。

3.8　建筑业企业BIM价值评价标准及规则——郑州一建集团有限公司

3.8.1　企业介绍

郑州一建集团有限公司始创于1951年，前身为河南省地方国营郑州建筑工程公司，2004年改制为民营企业，年营业总额达100亿元以上，公司现有正式员工2000余人，在建项目100余个，其中市政项目占比30%，房建占比70%，承建工程遍布全省18个地市及广东、广西、江苏、安徽、江西等省区。企业资质为"房建和市政双特双甲"企业，并具有机电工程总承包一级、钢结构工程专业承包一级、建筑装修装饰一级等25项施工资质及境外承包经营资格。

3.8.2　企业BIM应用基本情况简述

郑州一建集团BIM中心成立于2014年，采用集团BIM中心（8人）、BIM分中心（5个）、BIM技术小组（临时虚拟组织）三级管理体系，分别由集团引领管理、子分公司项目经理部协调推广、实施项目落地实施，目前BIM应用推进处于数字化应用全覆盖阶段，已形成一个集团BIM中心5个子分单位BIM分中心的管理架构，近三年投入达600万元（人员工资投入、软硬件采购），现阶段BIM应用专职人员近20余人。

3.8.3　企业BIM应用建设思路

郑州一建集团于2014年开展BIM技术应用研究，以利丰国际大厦为试点项目逐步挖掘发现了相关应用价值点，并于2016年在内部进行推广，采用标准先行、项目分级的方式，推动项目BIM应用。逐渐形成以竣工模型的动态建立为基础的BIM应用方向，以施工技术的多维数字化带来技术的可视化和模拟化从而提高技术应用的精度为技术主线，以管理过程的数字化带来过程信息的共享化从而提高管理效率为管理主线。"一个方向、两条主线"促成BIM应用的全面能力提升和价值普及。

围绕"用数据展项目、用数据管项目、用数据记项目"的项目级数字化发展理念，以信息共享、应用创新、数据创效为原则，逐步推进岗位工作数字化—项目管理平台化—数字建造—智能建造的数字化发展路径。

1. 筹备阶段——人/设备/应用基础

2013年年底，集团确定设立集团BIM中心，中心配备项目总工程师1人、土建专业1人、机电专业1人、造价专业1人，并配备了三台建模类台式双屏电脑、一台模型后期台式双屏电脑，在软件方面，选择主流建模软件Autodesk以及广联达系列软件作为主力软件。

2. 探索阶段——试点先行

2014年，开展了利丰国际大厦项目的BIM应用。目标设定为：全生命周期的BIM点式应用，即在每一个阶段应用相应的应用点辅助工作效率的提升，减少变更和提升管理效率。

3. 技术普及阶段——内部全面推广

2015~2017年，基于试点项目积累的BIM应用点、应用方式以及应用效果等内容，在全公司内部进行多轮普及性培训，同时，所有新开工项目进行BIM应用技术交底。

4. 选择性推广阶段——定标准、定框架扎实推进

集团BIM应用立项管理分为八个步骤、20个管理控制点，保障项目BIM应用的落地化、标准化。通过立项申请的项目，与集团签订目标责任书，约定年度BIM应用总体目标、项目BIM应用效益目标以及奖项申报目标、各个应用点解决的项目实际问题和年度BIM应用计划等强化目标的可实施性，明确职责和奖罚措施。

5. 基础应用全覆盖阶段——项目分层次，人员能力分层次

由于每个项目所处的内外部环境均有所差异，BIM技术人员的能力、工作开展情况也参差不齐，因此公司采取"应用五级、项目三阶段"的推广战略。

（1）应用五级划分：将应用点根据应用阶段、难易程度、成果要求、应用评价标准、效益程度、参与人员不同等分为1~5个等级，形成集团BIM应用清单。

（2）项目三阶段划分：依据BIM含义，从model modeling mangerment出发，结合原有应用经验，将BIM应用技术分为模型建立阶段、模型技术应用阶段、模型及现场数据指导管理三个方面，各个项目根据自身情况选择BIM工作开始的阶段。

6. 数字化应用全覆盖阶段——岗位数字化应用全覆盖

"岗位数字化建设"是集团公司在满足政策研究、转型升级、创优创新等方面综合需求下，形成的具有公司特色的数字化能力建设的重要一步。"数字先锋计划"作为落实岗位数字化能力建设的首要任务，旨在为集团各项目的高质量发展、精细化管理提供软件技能辅助，培养各岗位在数字时代下的软件技能和数字化应用理念，能够利用软件技能解决现场施工问题，应用数字化理念为现场施工带来高效和便捷化。

3.8.4 企业BIM应用的要求

从2016年开始，在集团公司内部开展自愿的BIM立项项目申报，申报成功的项目由

BIM中心进行深度指导，辅助项目成立BIM小组开展BIM应用，同时签订目标责任书重点把控和进行过程监管。集团BIM应用立项管理分为八个步骤、20个管理控制点，保障项目BIM应用的落地化、标准化。集团BIM中心对立项项目给予统一的标准规范管理、集中分步培训、项目实地指导等多种方式予以支持。通过立项申请的项目，与集团签订目标责任书，约定年度BIM应用总体目标、项目BIM应用效益目标以及奖项申报目标、各个应用点解决的项目实际问题和年度BIM应用计划、岗位数字化技能通过占比等强化目标的可实施性，明确职责和奖罚措施。

为解决模型、应用内容以及BIM应用成果文件的标准规范和可实施、可产生价值，在国家、地方相关标准指南的基础上，以及在标准制定的五大原则——引导式、便于收集数据、便于评判质量、规范化应用、应用落地化框架下，共形成多部企业BIM应用各类样板标准及考核标准。有引导式表格，强化标准的易用性，如《BIM应用点编写样板》《BIM模型建立策划样板》；有精细化的考核标准，强化应用的规范性，如《BIM模型建立标准及模型精细度标准》《BIM模型考核评价标准》《BIM人员能力评价标准》等。

3.8.5　企业BIM应用的评价标准细则

项目BIM应用的总体评价以信息共享、应用创新、数据创效三大目标为应用总目标，进行考核打分，具体见表3-10。

项目BIM应用评价标准 　　　　　　　　　　　　　　　　　　　表3-10

评价说明：该评价体系是为规范应用方式、提升应用质量、引导应用创效的一项对应用过程及结果的评价体系。评价由单个应用评价得分汇总加权平均后，得到项目的应用总体评分。每项考核项得分均需提供证明材料。

目标	分项	考核详细事项	分值
信息共享	信息共享的质量	单个信息模型图模一致性90%以上，模型精细度达到LOD 300，得5分；LOD 350，得7分；LOD 400，得10分	10
		应用成果形成报告或方案，得5分；应用成果经过技术负责人审核，满足现场施工需要，得7分；实施过程留存交底记录、现场记录，实施后实体与成果一致达95%以上，10分	10
	信息共享的时效性	单个信息模型的完成早于施工进度，得5分；基于单个信息模型形成的应用成果早于施工进度，得7分；基于单个信息模型形成的应用成果早于项目施工计划，得10分	10
	共享方式	以文件传递（一对一或一对多）进行信息共享，得5分；采用局域网协同共享或定期会议共享，得7分；采用平台进行多方协同共享，得10分	10
	共享参与人员的范围	模型及信息共享范围在单一人员使用，得5分；在参与应用的内容内多人进行共享，得7分；在项目部会议上进行多人应用共享交流、对外展示，得10分	10
应用创新	工具方法的创新	采用新的软件功能或旧的软件组合实现应用实施，得5分；采用新的软件功能或旧的软件组合实现应用高效实施，得7分；采用新工具、新方法实现应用实施并形成经验总结报告，得10分	10
	应用点的深入或创新	在已有应用内容的基础上有更深层次的应用，得5分；在已有应用的基础上深入应用并对应用成果进行内容及形式创新，得7分；通过深入现场创新研发出新的应用点并形成经验总结报告，得10分	10
	工作模式的创新	通过数据应用改变个人传统工作管理流程，得5分；通过现场应用，优化该工艺施工流程，得7分；通过数据应用形成新的合同机制及创新奖罚激励的管理模式，得10分	10

续表

评价说明：该评价体系是为规范应用方式、提升应用质量、引导应用创效的一项对应用过程及结果的评价体系。
评价由单个应用评价得分汇总加权平均后，得到项目的应用总体评分。每项考核项得分均需提供证明材料。

目标	分项	考核详细事项	分值
数据创效	技术效益、社会效益	基于BIM应用形成工法、QC、专利及论文申报，得5分；基于BIM应用获得上级认可的感谢信及有项目奖励，得5分；应用内容形成内外部标准编制，得5分；基于单点应用召开学习或观摩会，得5分；	20
	工作效率	通过数字化工具提高工作效率，形成科学、合理的效率测算方法及报告，得5分；通过信息共享，提升管理效率、沟通协调效率，形成科学、合理的效率测算方法及报告，得5分	10
	经济效益	实体经济效益（直接经济效益、节省材料成本等）形成合理的经济效益测算方法，得5分；虚拟经济效益（避免了问题的发生，避免了返工）形成合理的经济效益测算方法，得5分	10

　　对于人员的评价主要基于岗位数字化专业技能证书的评价体系，集团公司组织"数字先锋"岗位技能培训，考试成绩合格可被认定为具备岗位数字化专业技能，同时这也是各人员BIM培训、考核、业绩成果、能力认证的主要依据，在集团公司内部通用（表3-11）。各人员按照岗位要求的课程加自主选择的课程进行培训与考试，并给达到本岗位要求人员颁发证书。

各岗位BIM能力要求 表3-11

岗位名称	能力要求
项目经理、项目执行经理、生产经理	1. 确定项目BIM应用目标、应用内容。 2. BIM应用的人员配置、职责划分、制度文件。 3. 定期检查、考核项目BIM应用情况，协调、解决项目BIM应用过程中遇到的内外部问题
技术负责人	1. 项目创优方案、施工方案、现场CI布置图、质量样板、工法、QC、专利、新技术等使用BIM模型制作插图。 2. 使用BIM模型进行技术方案交底。 3. 审核BIM模型及应用成果
施工员/主管、技术员	1. 使用BIM模型对施工人员进行三级交底。 2. 建立BIM模型查找图纸问题，用于图纸会审。 3. 施工中根据设计变更、竣工测量数据等不断完善、修改模型，最终提交BIM竣工模型。 4. 配合技术负责人进行BIM模型的建立
安全员/主管	1. 使用BIM模型查找、辨识危险源，协助安全分析、评价。 2. 配合制作安全生产四色分区图
测量员/主管	1. 使用BIM模型提取坐标、高程等信息，对测量成果进行复核。 2. 使用无人机定期对现场拍照、录视频，记录关键施工节点。 3. 对竣工实体进行测量复核，为BIM竣工模型提供测量数据。 4. 处理航拍照片，生成BIM实景模型，提取相应数据（建议）
质检员/主管	使用BIM模型进一步明确施工关键部位的设计意图、结构构造、技术要求等，将可能出现的各种质量缺陷最大限度地消灭在图纸、模型上
材料员/主管	使用BIM模型协助材料出入库、招标采购
造价员/主管	1. 使用BIM模型提取材料量，作为预算量、实际量的对比参考依据。 2. 根据项目建模及应用需求，将预算模型转换成满足其他BIM软件需要的格式，如Revit、BIMMAKE

岗位名称	能力要求
资料员/主管	将技术资料、设计变更、试验报告、施工记录、竣工验收资料等分类汇总，上传至BIM平台或者挂接到BIM模型中，做好竣工档案数字化交付
取送样员、协调员、信息管理员、设备管理员、机械员、劳务管理员等	掌握BIM相关知识，参与到项目BIM工作中

3.8.6 企业BIM应用考核评价方式及流程

2019年以来，集团引入绩效考核管理体系，BIM中心作为职能部门，负责对全集团在施项目进行BIM应用情况考核，占比5%。形成自上而下的企业顶层BIM应用考核体系，由BIM中心进行月度项目巡检，通过项目考核表进行项目打分，同时每季度汇总各项目BIM应用情况，进行季度打分，再由各个季度项目分数汇总形成年度BIM考核分数。

1. 季度考核办法

BIM技术应用季度考核方案依据集团公司季度绩效考核工作方案标准执行，包括BIM立项、BIM培训、BIM应用、信息化平台四方面内容，具体见表3-12。

BIM技术应用季度考核标准 表3-12

季度考核标准（100分）	BIM立项	占比10%（10分）立项10分
	BIM培训	占比10%（10分）参加集团BIM中心培训人员综合表现
	BIM应用	占比70%（70分）依据《BIM技术应用考核标准》评分
	信息化平台	占比10%（10分）按项目管理系统检查标准评分

2. 年度考核办法

BIM技术应用年度考核方案依据集团公司年度绩效考核工作方案标准执行。年度考核具体分为季度平均分和加分项两部分内容，具体见表3-13。

BIM技术应用年度考核标准 表3-13

季度平均分（100分）		4个季度的平均分值
加分项（50分）	获得集团考评证书（≤10分）	参加数字先锋计划考核合格加1分/人，最高10分
	获得奖项（≤10分）	获得国家级奖项加5分 获得省级奖项加3分 获得公司级奖项加1分 获得公司级优秀工作者加1分
	示范项目观摩会（10分）	举办示范项目观摩会加10分
	BIM标准制定（10分）	参与国家级、省级标准制定加10分

续表

季度平均分（100分）		4个季度的平均分值
加分项 （50分）	其他（≤10分）	参与公司级标准制定加2分 中国图学学会BIM证书数量加1分 专利或者论文加1分 创新BIM应用加1分 参与BIM相关会议案例分享加1分 ……

3．BIM应用完工验收考核

按照《郑州一建集团BIM技术应用完工验收方案》考核，考核合格的，颁发合格证书。

3.9 建筑业企业BIM价值评价标准及规则——中天建设集团有限公司

3.9.1 企业介绍

中天建设集团有限公司（以下简称中天建设集团）是中天控股集团的核心产业集团，以房屋建筑、基础设施建设等工程服务为主要经营业务，具备房屋建筑工程总承包特级资质、建筑行业工程设计甲级及十几项专业资质。经营地域覆盖国内30多个省、自治区、直辖市，海外业务已拓展到非洲、东南亚及南亚等地。中天建设集团在1996年由地方国营建筑公司改制为民营股份公司。2021年，全年完成产值1187亿元。公司有中、高级工程师超2800人，有注册建造师、注册造价师、注册建筑师、注册结构师等注册类人员超2300人。

3.9.2 企业BIM应用基本情况简述

中天建设集团早在2013年就在集团研发中心下设立了建筑信息化研究所，开始探索BIM技术在工程建造中的应用价值研究，BIM技术应用经过10年发展已经从碎片化升级至集成化，并正在积极探索基于BIM的数字化建造，打造了鄂州机场转运中心、东阳市人民医院等多项数字化建造示范项目。

随着BIM应用范围的扩大和应用深度的增加，BIM技术条线组织体系逐渐完善，BIM团队逐渐扩大，形成了集团公司、区域公司、项目部三级架构：集团公司层面，BIM专业工程师、研发工程师、推广工程师、管理工程师、动画工程师隶属于集团技术发展部，由集团总工程师统管；区域公司层面，BIM专业工程师、推广工程师、管理工程师、培训工程师隶属于区域公司技术发展处（或BIM中心），由区域公司总工程师主管；项目部层面，BIM应用工程师协同专业工程师作业，由项目技术负责人主管。

现集团机关、项目部共有专职BIM人员200余名，其中持有中国图学学会颁发证书140余本、教育协会颁发证书及工信部颁发证书若干，此外项目兼职BIM技术人员超2000人。项目部层面形成了专、兼职BIM技术人员相结合的BIM技术应用组织体系，通过强化BIM技术与具体业务条线工作的融合，充分发挥BIM的应用价值。

2015年，中天建设集团编制了《中天建设BIM应用指南》，系统梳理了工程建设BIM技术的应用场景和具体做法；2016年，起草并发布了《中天集团BIM实施导则》及《中天集团BIM建模标准》，阐述了BIM应用策划、项目实施流程及模型细度要求；各区域公司也根据集团文件要求，制定了符合地域及自身发展特点的BIM管理制度及应用标准。

在标准的基础上，BIM条线联同业务部门编制了10余项专业应用指导手册，同时结合业务部门现有工作流程完成基于BIM的工作流程梳理，保证BIM技术落地应用的有效性。为了满足企业个性化BIM需求、提高BIM工作效率，集团自主开发了企业族库插件，创建了包括集团CIS标准的个性族库，通过云端服务器实现集团内各区域公司的构件共享，减少重复建模工作；自主开发了企业支吊架插件，快速实现综合支吊架的智能排布及出图、统计等功能；自主开发了中天建设BIM深化设计工具集插件，快速实现结构模块化深化、出图等功能；自主开发了三维可视化技术交底系统，用于加强现场三维交底、安全教育、资料查询等。集团坚持开展BIM技术研发工作，每年持续开展BIM技术应用竞赛。

目前，已创建内部BIM示范项目30余项，完成集团级BIM技术研发项目10项、省级4项，1项国家级技术研发项目正在推进中，依托课题形成3项软件著作权、100余个施工工艺演示视频。同时，中天建设集团积极参加国家、行业各类BIM竞赛，已获得BIM技术竞赛各类奖项140余项，其中国家级奖60余项、省级奖80余项、省级工法10余项。主编团体标准若干项。

3.9.3　企业BIM应用建设思路

BIM技术应用以打破信息孤岛为总体目标，通过基于BIM的数字设计、数字加工、数字施工、数字还原和数字运维将建筑全生命周期贯通起来，以协同工作代替各自为政，以模型统一代替信息割裂，从而提高工作效率、降低过程成本、提升产品质量和项目综合管理能力；以提高BIM技术落地率、提升集成应用水平为重要抓手，将项目管理标准化作为路径载体，聚焦"深化设计+集中加工、专业流水、穿插施工"，逐步建立起标准化的技术应用体系，提升BIM技术在图纸深化、方案推演、工程量统计以及信息化管理等方面的应用，减少施工过程中错漏碰缺导致的整改返工，助力工程项目实现数字化建造。

依托集团业务增长以及对BIM技术的大力推广，中天建设集团BIM团队2016年以来先后在医院、办公、超高层、住宅等业态上的600余个项目中利用BIM技术辅助项目施工生产，在深化设计、技术管理、成本管理等方面积累了丰富的实践经验，并在工程建造全生命周期各阶段形成了带状深入应用，所产生的数据将随着应用的优化和成熟逐步打通。

在前期策划阶段，通过BIM咨询的方式协助梳理业务需求并提供技术方案；在设计阶段，通过参数化建模完成性能指标分析；在投标阶段，通过模拟建造、施工推演详细展示技术方案；在施工策划阶段，可以通过深化设计优化辅助"集、流、插"；在项目实施阶段，通过业务协同管理实现进度、质量、安全、成本的整体管控；在竣工运维阶段，通过模型信息完善、功能系统集成提交竣工模型，甚至通过定制化开发提供运维平台；在创新探索方面，实现了虚拟现实VR、三维扫描、机器人放线等前沿应用。

3.9.4　企业BIM的要求

企业BIM应用并不要求全部项目部必须无条件、全覆盖应用，避免陷入为应用而应用的误区，而是从项目类型、复杂程度、项目管理总体目标等多方面评估BIM应用的必要性，确定BIM应用目标等级及具体应用内容，体现不同项目BIM应用的差异化，也就是要围绕项目实际需求和特点开展BIM技术应用，追求BIM应用实效，杜绝形式主义。

BIM应用的目标等级分为BIM碎片化应用、BIM集成应用、BIM应用示范项目三个层级，每个层级均有相应的具体要求。比如BIM应用示范项目，必须包含一定数量的BIM专项应用，具有一定的创新应用，BIM平台运行良好，各项成果落地效果显著，并至少承办区域公司层级的BIM技术应用交流会，在公司内外同类项目中，BIM应用的广度和深度处于领先水平。

BIM应用的组织管理是BIM应用工作的重要内容，合理的专、兼职BIM人员配置可以以较低的人力投入获得较高的BIM应用效果。项目部在BIM人员配置方面遵循以下原则：碎片化应用"岗位化"、集成应用"专职化"、示范应用"公司化"。也就是说，常规的碎片化应用项目一般由专业岗位的兼职BIM人员即可完成，无需配置专职BIM人员；集成化应用项目需要根据项目规模配置一定数量的专职BIM人员和数位兼职BIM人员；BIM应用示范项目还要在集成化应用基础上强化区域公司BIM人员的主导性和参与深度，驻场协助和指导项目BIM技术应用，只有提高专业岗位的参与度、充分发挥项目专兼职BIM人员和公司BIM人员的优势，才能以最低的人力成本投入获得最大的BIM应用成效，促进BIM技术应用的良性发展。

3.9.5 企业BIM的评价标准细则

BIM应用的评价不局限经济效益，只要是能够实现降本、增效、提质、保安全、促转型，就是有价值的BIM应用。企业对BIM应用的评价包括BIM应用管理流程的设计与运行、BIM成果质量、BIM成果落地管理等三个方面。

BIM应用管理流程是保障BIM应用工作有序实施的重要抓手，区域公司负责BIM应用流程的个性化设计和执行标准的编制，并主导在区域公司内运行。BIM流程设计要求关键管理程序及行为有明确的对象、责任人和时间节点，逻辑关系清晰；过程管理相关执行标准完善，可执行性强；配套表单要素齐全，可支撑流程的正常运行；流程或配套制度具有一定的创新或优化，使流程运行简单、高效。BIM流程的运行要求关键行为管控精准，运行痕迹清晰，并与管理流程运行及BIM技术应用实际进度相匹配。

BIM成果质量是BIM应用的基础，集团公司定期梳理和更新BIM应用条目，每个应用条目根据实施难易程度赋予一定的难度系数，并对每一项BIM应用条目明确成果质量评价的技术标准，从成果的完整性、详细程度、规范程度、针对性、指导性等几个维度进行评价，提高BIM成果标准化程度。比如标准层砌体排布深化设计，要求整层深化体现完整性，要包含水电预埋开槽和构造柱等详细信息，排砖规则符合相关规范要求，复杂部位多角度出图，非标砖块编号具有可汇总性，从便于非标砖块集中加工与砌筑施工的角度出发，明确BIM成果须满足的质量标准。

对BIM成果落地管理进行评价至关重要，归根结底BIM只是技术工具，只有与管理深度融合才能更好地发挥价值。BIM成果落地管理遵循PDCA循环的规律，主要包括BIM应用计划管理、BIM成果输出与审核、BIM成果交底与实施、BIM成果落地过程指导和检查纠偏、BIM成果应用总结复盘等几个方面。

3.9.6　企业BIM应用考核评价方式及流程

企业BIM应用考核评价方式包括BIM应用资料评审和项目现场评审两个方面，并根据具体应用内容、结合施工进度分为基础与主体、装饰与安装、竣工三个阶段。项目BIM应用完成阶段成果后将BIM应用资料上报区域公司，区域公司收到项目BIM应用资料后组织人员按应用条目的实施标准进行资料评审（一般每月集中一次），然后区域公司对应用资料评审合格的条目组织项目现场评审确定对应条目的评价等级，项目竣工后统一汇总核算BIM应用目标达成率，确定项目BIM应用的最终考核评价等级。

BIM应用资料评审主要审查BIM应用管理流程运行资料、BIM成果质量、BIM成果落地管理资料。相应的应用资料要符合基本的应用逻辑，比如BIM成果完成时间要在项目现场实施前完成，体现时效性；BIM成果资料的质量要基本符合评价技术标准，这也是资料评审的核心内容；各项资料不得有造假或明显夸大的内容，否则一经核实即评判相应的应用条目不合格，且项目最终考核评价等级降级。

BIM应用现场评审是BIM应用价值评价的重要内容，BIM成果有效落地、产生价值是BIM应用的最终目的，现场评审主要通过与项目一线管理人员的沟通交流、查看施工过程及BIM成果落地的实体效果等评价工作核实BIM应用管理工作的实际效果。比如排水管道深化，如果施工现场没有设置水电集中加工棚或水电集中加工棚内并未实质性开展集中加工，那么该项应用就不符合现场应用基本要求，判定为不合格。

BIM应用资料评审结果达到合格及以上等级才能具备现场评审资格，区域公司对项目部的BIM应用情况从资料和现场两个方面全数评价。集团公司对各区域BIM应用情况进行抽查评审，并对各区域公司的BIM应用工作进行五个梯队排名。

3.10　建筑业企业BIM价值评价标准及规则——河南科建建设工程有限公司

3.10.1　企业介绍

河南科建建设工程有限公司是一家以房屋建筑、市政工程、建筑装饰为主营业务的民营企业。拥有房屋建筑总承包一级资质，装饰装修、消防设施、防水防腐保温等专业承包一级资质。公司注册资本1.1亿元，年产值约15亿元。公司建筑业务以郑州为中心辐射中原经济区，承建了多个集商业、住宅、办公功能于一体的大型综合体项目、大型安置房项目，以及集教学、办公、食宿功能于一体的大型学校项目及市政公用工程项目。

3.10.2　企业BIM应用基本情况简述

河南科建建设工程有限公司自2016年4月开始安排人员学习和初步应用BIM技术。为推广BIM技术及加大BIM技术深度应用，方便公司BIM技术应用管理工作，公司于2017年2月15日设立BIM中心，其主要工作内容包括BIM技术教育培训、咨询服务及应用管理等。BIM中心由公司总工程师兼副总经理管理，属于独立的职能部门，下设项目BIM工作站，项目BIM工作站根据项目应用要求设立，随项目部施工需求状况在完成与公司签订的责任目标后解散。

公司BIM中心现有专职BIM技术员工共计8人，公司BIM中心及项目专职BIM技术人员中获得全国BIM技术等级考试BIM建模师一级证书10人，BIM高级建模师结构设计专业二级证书2人，BIM高级建模师建筑设计专业二级证书2人，BIM高级建模师设备设计专业二级证书1人，获得河南省建协组织BIM应用师及建模师培训证书44人。涵盖土建、安装、钢构、市政等各专业。

成立5年以来，公司BIM中心先后指导建立项目BIM工作站20余个，培养BIM工程师200余名，连续3届荣获河南省建筑企业BIM等级能力认定一级，共荣获省级BIM奖项21项、国家级BIM奖项22项，协助申报发明专利8项（已获2项）、实用新型专利43项（已获38项），协助开发、申报并获得省部级工法10项，发表BIM论文6篇。

2022年，BIM中心以践行落地、创优提质、协同集成、智能建造为指导思想，不断扩充业务板块，积极服务公司及各工程项目业务需求。现阶段BIM中心业务分为BIM投标咨询、BIM施工咨询、BIM创优咨询、BIM培训咨询、BIM动画制作，以及BIM智能运维六大板块。为公司众多项目提供优良的阶段性成果BIM咨询服务，受到了各项目的一致好评。

3.10.3 企业BIM应用建设思路

现阶段公司BIM应用建设的思路总结为"一个技能、两个工具、三个层次、四个体系"。现分别简述如下：

"一个技能"即让BIM技术成为管理人员的基本技能。公司通过定期的BIM技术培训和考核，让直接参与项目管理的管理人员掌握一定程度的BIM技术知识，以改善管理人员的管理手段，提升管理效率，让BIM技术不只是公司BIM中心和项目专职BIM技术人员的必备技能，也是直接参与项目管理人员的基本技能。

"二个工具"即让BIM技术成为管理人员的技术工具和管理工具。公司在招标投标、施工组织设计、施工方案、安全专项方案、技术交底、QC活动及工法申请、专利（主要指实用新型专利）申请等项目管理过程中制定关于BIM技术应用的相关要求。如逐步用BIM技术建模渲染图形替代施工组织设计中的CAD图形或者直接从网页上下载使用的图形，逐步用三维场布代替传统的施工现场平面布置图，逐步用基于BIM技术视频动画替代传统施工工艺的文字表述等，定期评选出优秀施工组织设计、施工方案并给予奖励，让BIM技术逐步成为管理人员的技术工具。通过数字项目管理平台与BIM技术的结合应用，为管理人员提供施工过程中需要的相关工程量、劳务人员工效、施工机械效率、劳务班组考核等相关数据，提升项目在质量管理、安全管理、进度管理、成本管理方面的效率，让BIM技术成为管理人员的管理工具。

"三个层次"是指不同岗位员工对BIM技术知识"了解、熟悉、掌握"三个层次。根据公司及项目管理人员的岗位性质和对BIM技术知识的需求程度，制定三个层次。以项目管理人员为例：项目经理需要了解BIM技术，让项目经理能够正确对待BIM技术并支持BIM技术在项目的应用；技术负责人、生产负责人及工长施工员等岗位需要熟悉BIM技术，以确保在管理过程中能够通过BIM技术解决一些难度不太大的技术问题；专职BIM技术人员需要掌握BIM技术，以确保可以通过自身掌握的BIM技术知识或通过与第三方结合的方式解决项目管理过程中的重难点问题。

"四个体系"是指为保障BIM技术推广和深度应用必须建立的四个体系，即组织体系、制度体系、标准体系和评价体系。

3.10.4　企业BIM应用的要求

为明确不同类型项目BIM技术应用要求，公司制定了《项目BIM技术及数字项目平台应用管理制度》。该制度将工程项目BIM技术应用程度分为：不应用BIM技术项目、一般应用BIM技术项目、深度应用BIM技术项目三类，并建立项目应用程度分类标准。

不应用BIM技术项目类型主要包括：合同额较小，工期较短，结构形式特别简单，且施工总承包合同未明确要求应用BIM技术的工程项目。

一般应用BIM技术项目类型主要包括：合同总额较大、项目具备一定规模、结构形式不复杂但项目经营管理有BIM技术一般应用需求的、建设单位明确要求应用BIM技术但未明确BIM技术应用深度及应用范围的、公司经营管理有BIM技术一般应用需求的项目。

深度应用BIM技术项目类型主要包括：建设单位有明确要求并且明确BIM技术应用范围及应用深度的、建筑规模在10万 m^2 以上的、采用四新技术且需要BIM技术深度支持的、项目质量目标为省优及以上、有省市级及以上规模观摩需求的、公司经营管理需要必须深度应用BIM技术的项目。

为明确三类项目BIM技术应用标准，制度还特别明确不同类型项目专业BIM技术人员配置数量、是否建立专业BIM小组、项目BIM技术应用交流及培训情况、是否参与相应级别的BIM技术应用相关赛事、是否需要相关专业软件或平台支持以及如需专业软件或平台支持时的采购相关流程等。

制度还根据不同类型规定BIM技术专项资金标准及专项资金使用要求，明确专项资金包含范围、申请流程等。

除上述内容外还包括：项目应用BIM技术成果分析与判定、项目BIM技术应用奖励规定、《项目BIM技术应用责任书》等。

3.10.5　企业BIM应用的评价标准细则

为了能够更加准确地对项目及公司BIM中心BIM技术成果进行评价，公司分别制定了《BIM技术应用项目评价标准》及《BIM技术应用公司评价标准》。

《BIM技术应用项目评价标准》的主要内容包括：总则、术语、基本规定、一般应用BIM技术项目、深度应用BIM技术项目、结合数字项目管理平台BIM技术应用、数据应用等相关内容。

其中，一般应用BIM技术项目评价内容和深度应用BIM技术项目评价内容都是与项目签订的《项目BIM技术应用目标责任书》，主要内容包括：BIM大赛参赛成果、项目BIM技术应用成果、经济效益、社会效益及其他。项目BIM技术应用成果除责任书中明确的相关BIM应用点内容外，还包括创新、创优应用成果，工法、施工工艺应用成果，项目管理成果等。

结合数字项目管理平台BIM技术应用内容主要包括：数字项目管理平台中BIM模型上

传情况评价、数字项目管理平台中的BIM模型应用情况评价等。

数据应用内容主要包括：劳动力统计类数据应用、管理人员行为数据应用、材料及设备类数据应用、环境数据应用等。

《BIM技术应用公司评价标准》的主要内容包括：总则、术语、基本规定、BIM教育培训、BIM技术咨询、BIM技术管理、技术创新、数据应用等。

主要评价内容与每年的计划任务相关，主要对年度计划任务完成情况进行评价。包括教育培训计划完成情况及评价细则、BIM技术咨询任务完成情况及评价细则、各项目BIM工作站管理任务完成情况及评价细则、BIM中心技术创新计划完成情况、企业BIM相关数据应用管理情况及评价细则等。

公司BIM中心通过制定年度计划、确定实施方案并实施及定期评价和改进，以及积极参加对外学习和交流的方式，不断提升BIM技术应用水平和管理能力，并指导和带动各下属工作站的方式，整体提升了公司BIM技术应用能力。

第4章 BIM技术应用最佳实践

BIM技术应用在不同类型的项目上所体现的价值也不尽相同，根据各类型项目特点，BIM均能发挥其价值。本章节编写组从第六届中国建设工程BIM应用大赛的一类成果中挑选了多种工程类型的BIM应用，以供读者借鉴。

4.1 BIM助力雄安连接智慧新城——BIM技术在雄安基础设施建设中的应用

4.1.1 项目概况

1. 项目简介

本项目建设内容包含市政道路5条，总长度约7.1km、综合管廊6.7km、排水管网32.1km，总投资约6.8亿元，该项目从设计、施工到运维全过程BIM应用，中国二十冶集团有限公司为施工总承包，与政府主管部门、建设方、设计单位、监理单位等主体共同参与。

2. 项目难点

该项目难点表现在以几方面：首个国家级智慧城市，信息化管理要求高；设计地下空间复杂，交叉施工组织困难；千年大计，质量、安全、环保要求高；施工跨两个冬季，工期异常紧张。

3. 应用目标

各专业BIM工程师按图纸要求搭建BIM模型，进行全专业、全过程BIM应用，通过三维可视化的BIM模型进行设计图纸优化、设计性能分析、施工模拟等BIM技术应用，达到指导项目复杂节点部位施工、为项目创造效益的效果。同时提升项目人员BIM技术应用水平，提升项目精细化管理，为BIM创优创奖创造条件。

4. 应用内容

项目主要应用内容有原始地质仿真分析、基坑施工方案比选、三维设计、图纸会审、碰撞检查、可视化交底、基坑土方优化、钢筋下料、倾斜摄影应用、移动化智能工场等。

4.1.2 BIM应用方案

作为雄安数字孪生城市创建的蓝图，以BIM作为核心技术，深度融合GIS、IoT技术，根据雄安建设标准，结合BIM模型、智能化数据创建雄安智慧城市。

1. 组织架构

以雄安集团BIM为总指挥，覆盖BIM设计、BIM施工及监理，设计BIM副总指挥为项目设计的总负责，施工BIM副总指挥为BIM实施的负责人，监理副总指挥主要负责BIM设计实施的质量监督。

为了满足雄安高标准要求，建立以项目经理为BIM副总指挥的BIM应用第一责任人管理机制，并设BIM副经理，直管项目BIM中心，集团BIM中心为项目BIM实施提供咨询和技术支持，促进BIM实施应用。

2. 软、硬件配置

软件：根据项目BIM技术应用，通过多种软件建模，进行模型准确度、建模效率等对比，最终选用Revit软件进行模型创建、合模及碰撞检查等，结合酸葡萄、Dynamo等插件的辅助，对模型节点进行精细化处理，达到图模一致、辅助现场施工的要求。同步应用Synchro、Lumion、3D MAX、Fuzor等软件进行施工模拟应用。

硬件：启动8台台式机、4台笔记本电脑、1台IPAD、1台大疆无人机、1台大疆倾斜摄影无人机、VR等设备进行，满足项目应用。

3. 保障措施

（1）实施标准

结合雄安新区建设BIM标准，制定了完善的雄安新区（A、F社区）RDSG-2标段BIM实施方案，统一的标准是协同应用的基础，是后续工作的开展依据及考核标准，做到建模有标准、出图有依据。

（2）管理制度

每周、每月不定期进行例会，同时多专业会议制度保证BIM应用更好地落地实施，建立健全的会议沟通机制，高效地解决多专业协调难的问题，同时每周、每月总结周报、月报上报业主公司，进行BIM的实施管控。

4.1.3 BIM实施过程

1. 实施准备

此项目采用集团公司BIM中心人员驻场培训、指导项目人员进行BIM技术应用的形式，软、硬件配备充足。项目BIM策划先行，业主及现场施工的BIM要求明确，BIM标准统一，BIM管理制度完善。

2. 实施过程

（1）方案设计阶段

1）对现有地形地貌进行仿真分析。

2）基坑方案比选（表4-1）。

方案一：基坑上口宽31m；开挖5m，1∶1；灌注桩，桩长24.5m；两道钢支撑，间距5m。

方案二：基坑上口35m；开挖8m；1∶1；钢板桩，桩长15m；单道钢支撑，间距5m。

方案三：基坑上口23m；开挖2m，1∶1；渠式切割水泥土连续墙，长21.5m；两道钢支撑，间距5m。

方案四：基坑上口49m；三级放坡，1∶1；锚钉长8m。

可采用方案	优点	缺点	经济指标（元/m）
方案一：开挖+灌注桩	安全性高，对周边建筑物影响小，占地空间小	造价高、环保措施要求高，后期地下空间建设破除难	合计：105424 土方：26270 支护：79154
方案二：开挖+钢板桩	可重复利用，绿色环保，占地空间小，施工快	开挖面大，支护深度有限，拔除影响大	合计：92432 土方：33496 支护：58936
方案三：开挖+TRD工法桩	刚度大、影响低、占地小、型钢重复利用、防水抗渗、施工环保、后期桩拆除容易、价格适中	对土质有一定限制	合计：81967 土方：22171 支护：59796
方案四：整体大开挖	造价低、施工简易	开挖面大、土方量大、施工影响大	合计：61253 土方：46759 支护：14494

基坑方案比选　　表4-1

结论：雄安集团最终选择整体大开挖方案，造价低、施工简易、施工快。

3）三维设计。

通过管廊、道路、地下空间三维设计，快速解决多专业交叉问题（图4-1、图4-2）。

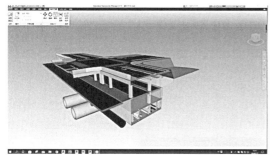

图4-1　E4与N6路管廊三维设计图　　　　图4-2　道路三维设计图

（2）土方施工建造阶段

1）图纸会审

利用三维模型审查图纸问题，形成BIM模型审查记录表，结合项目技术部门与设计院开展图纸会审工作。

2）碰撞检查

通过BIM技术对道路和市政管网进行碰撞检测，检查问题169项，形成碰撞检测审查单，提供给技术部和经营部，为设计变更提供有效依据。

3）可视化交底

组织业主、监理、项目部、分包等相关人员对管廊进行三维可视化交底工作。利用BIM模型三维可视化的特点，针对关键工序创建实体模型与施工模拟视频，并进行可视化交底。让人清晰地识别复杂节点部位的结构，使施工人员做到"心中有数"，提高施工质量及效率。

4）场地布置

雄安用地紧张，运用BIM技术对大型临时设施工程进行三维设计，要求平面布置合理、紧凑。在满足环境、职业健康与安全及文明施工要求的前提下尽可能减少废弃地和死角，临时设施占地面积有效利用率大于90%。以绿色、环保、可持续、可循环为远景，四节一环保为导向打造雄安绿色文明工地。

5）基坑土方优化

通过BIM技术对基坑节点分支进行优化，优化前土方全部开挖，优化后分支中间土方不开挖，减少土方开挖量近4000m³。

6）钢筋下料

利用BIM精准化进行构件生产，通过虚拟建造解决钢筋与埋件碰撞，同时精准化下料、精细化加工及拼装为项目节省了材料近10余吨。

7）倾斜摄影应用

①清表土方计算

据招标文件要求，本项目至少进行三次倾斜摄影（开工前原始地貌、建设过程中、竣工），在前期过程中，雄安项目地表区域空间大，高低不平，施工工程量大，通过倾斜摄影模型对清表土方量进行了计算，有效地控制了开工前的进度安排及工程量。

②基坑土方计算

雄安项目通过倾斜摄影模型进行土方量的估算、精算及结算，并与BIM模型搭建提取土方工程量、经营人员计算土方工程量进行3种模式的对比验证，发现倾斜摄影模型提取的土方量与实际土方量误差仅为0.14%。

③不同网格划分的土方测量计算

将土方测量区域按不同网格进行划分，提高土方测量的精确度和测量效率，降低测量成本，保证了土方测量的科学性和合理性，为管廊基坑项目的预算和结算提供可靠的依据。

④进度控制

雄安市政管廊项目，因质量要求高、工程工期紧，进度控制尤为重要，使用无人机定期对施工现场进行全方位拍摄，生成影像资料，每天例会进行进度分析，提出解决方案，更有效地管理施工进度与人员。

8）移动化智能工场

施工现场采用基于BIM技术自主研发的装配式轻型钢结构防护工场，内设智能通风、温控系统、基于5G技术可视化终端，可实现夏季遮阳降温、雨期连续作业、冬季蒸汽养护，工序可视化安全监控，既改善工作环境便于连续施工，又保证了工程质量（图4-3）。

9）建模能力

①基于设计模型，利用Dynamo

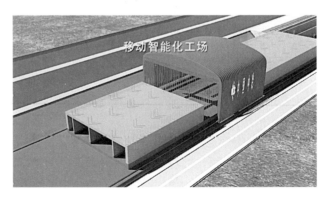

图4-3　移动智能化工场示意图

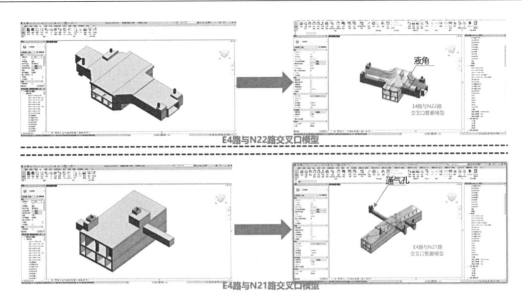

图4-4　施工建模示意图

对管廊标准段、节点快速进行深化设计，极大提高了施工建模效率及质量（图4-4）。

②为实现建模精细化的目标，创建了二十冶集团数字图库，创建832个地下综合管廊、道路、桥梁地下空间等专用族，极大提高了建模效率。

③利用酸葡萄插件和Dynamo软件搭建道路模型，同时通过倾斜摄影进行平整度校核。

（3）运维阶段

综合管廊监控系统：以中国二十冶集团自主研发的综合管廊智能监控信息化平台为辅助，完全实现环控、视频监控、门禁、消防和应急报警等，为综合管廊安全、智能、高效、绿色运营提供有效方案（图4-5）。

图4-5　综合管廊智能监控系统管理平台界面

（4）BIM平台应用

本项目以GIS+BIM为基础，建立包含建设统筹、招采管理、成本合约、设计管理、工程管理、安全质量、竣工管理的项目管理体系，搭建汇集各参加方的综合性数字管理平台。基于业主平台+政府部门+BIM+CIM的多项目管理平台集成应用，通过平台协同工作有效地提高项目信息化管理水平，助力打造企业智慧化信息平台。同时基于中国雄安集团有限公司数字雄安建设管理平台的数据传输，支撑雄安项目各平台监管项目施工全过程管理的基础数据（图4-6）。

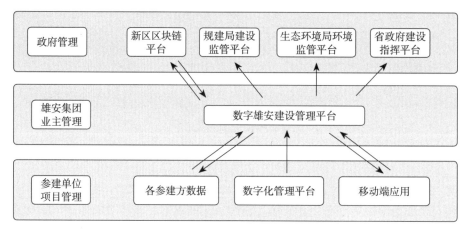

图4-6　数据传递流程示意图

项目部各部门管理人员将安全、质量、生产、技术、成本等信息通过数字项目管理平台传递至数字雄安建设管理平台。使管理人员进行信息化现场管理，实现数据共享，同时雄安建管平台将信息推送到政府各个相关平台。

4.1.4　BIM应用实践总结

1．效果总结

（1）管理效益

通过BIM平台应用，增强了业主、设计、监理、分包等各方与总包的协同，可以及时准确地获取有效信息，信息更加对称。实现了项目精细化管理，发挥了公司"小前端、大后台"的支撑作用，为项目提质增效提供了有效途径。

（2）经济效益

通过基坑底标高、土方优化设计、可视化技术交底、工程量统计、碰撞检查、三维审图、无人机技术、精准测量数据获取等技术应用，加之多方协调例会制度，有效地指导施工工作开展，推进了BIM技术的"全员、全专业、全过程"应用。在成本上节约了工程总造价的1.3%左右。

（3）社会效益

在同期多个项目应用的考核中一直名列前茅，受中国雄安集团有限公司邀请对雄安集团、中铁十二局等15家企业进行BIM技术培训。极大地推动了雄安新区工程建设BIM技术的应用，受到雄安集团、中冶集团领导的多次表扬以及《河北青年报》的专题报道，并分别获得中国市政工程协会主办的第二届市政杯BIM应用技能大赛、中国冶金建筑协会主办的第二届冶金建设行业BIM应用技能大赛、河北省工程建设信息智能化协会主办的河北省第二届建设工程"燕赵（善道）杯"BIM技术应用大赛、中国建筑业协会主办的第六届建设工程BIM大赛一等奖，对BIM实施成果给予了高度肯定。

2．方法总结

（1）应用方法的总结

通过分析各方平台模块录入内容，搭建项目数据录入实施标准，实现项目一次数据录入或最低二次数据录入，实现各方平台正常运行，降低项目录入多方平台的工作量，提高项目运行效率。

（2）人才培养总结

集团公司BIM中心驻场，指导项目3名专职BIM人员进行模型创建和项目应用，依托集团公司工程管控平台，将项目部技术、安全、工程等人员带动起来，参与到平台项目管理和BIM模块应用中。

（3）创新点或科技成果总结

1）倾斜摄影土方计算

在前期过程中，雄安项目地表区域空间大，高低不平，施工工程量大，通过倾斜摄影模型对清表土方量进行了计算，有效地控制了开工前进度安排及工程量。

2）进度控制

项目使用无人机定期对施工现场进行全方位拍摄，生成影像资料，每天例会进行进度分析，提出解决方案，更有效地管理施工进度与人员。

3）道路横断面参数化建模

利用酸葡萄插件和Dynamo软件，对道路横断面结构进行参数化三维可视化建模，建模快速、质量好。

此外，在设备材料管理、基于BIM技术装配式支吊架研发、参数化移动化智能工场等方面，其创新价值也得到了很好的体现，有助于实时跟踪施工进度，降低了项目成本、保证了工程质量。

4.1.5　BIM应用的下一步计划

（1）将在雄安其他工程项目中，按照雄安新区中国雄安集团及雄安新区规划建设局BIM标准进行全过程BIM应用，以达到规范和引导设计、施工、运维全过程建筑信息模型应用，提升工程项目信息化水平，提高信息应用效率和效益的目的。

（2）以雄安新区BIM管理平台为底层数据，主要通过数据层、应用支撑层、应用层，以及覆盖现状空间（BIM0）—总体规划（BIM1）—详细规划（BIM2）—设计方案（BIM3）—工程施工（BIM4）—工程竣工（BIM5）六大环节的展示、查询、交互、审批、决策等服务，实现对雄安新区生长全过程的记录、管控与管理。

4.2　BIM技术在澳门跨海大桥设计与施工中的应用

4.2.1　项目概况

1. 项目简介

项目名称：澳氹第四条跨海大桥设计连建造工程。

项目类型：城市公路桥梁。

项目规模：52.7亿澳门元（约47亿元人民币）。

结构类型：下承式钢桁梁桥。

施工企业：中国土木工程集团有限公司-中国铁建大桥工程局集团有限公司-澳马建筑工程有限公司联营体。

2. 项目难点

（1）航空、航道限制。施工区属于航空管制区，航空限高60m，局部限高80m。施工区有3个航道，其中外港和内港航道通航繁忙，要确保其正常通行。

（2）恶劣天气影响。澳门属于台风高发地区，2017年登陆澳门的"天鸽"，最高风速达132km/h。

（3）环保要求。澳门对环保要求非常严格，对空气和海水污染、污水和垃圾处理、噪声扬尘等都有严格的规定，每月均须提交环境监测报告，环保局会随时到现场检查。

（4）施工技术难点。包括海上长大直径钻孔桩施工、主桥低桩承台施工、互通立交施工组织、钢箱梁预制和安装等。

（5）国际工程管理模式。项目按照国际工程管理模式进行管理，执行ISO9001贯标标准，管理规范、审批严格。

3. 应用目标

主要解决设计优化、方案比选、互通立交施工组织模拟、2200T浮吊架梁模拟等，通过BIM技术获得收益如下：

（1）设计方案更加稳定和美观。主桁钢材用量节省约3300t；钢箱梁节约钢材约3000t；桥墩优化节省混凝土约21000m³。

（2）通过方案比选，将原双壁钢围堰施工方案改为钢板桩围堰，更加合理和经济。

（3）通过对互通立交5个批次施工平台倒用施工工序模拟，直观了解施工平台倒用的先后顺序，体现施工的优化。

（4）在航空限高60m的虚拟环境下对2200T浮吊的钢梁吊装进行施工模拟，对浮吊L臂架进行变幅操作模拟，验证设计方案的可行性。

（5）通过BIM技术应用，培养出BIM建模、模拟动画、仿真交互、BIM平台管理方面的人才。

4. 应用内容

（1）设计优化。针对初设阶段下承式钢桁梁桥主桁架布置在桥面两侧存在的不足进行优化设计。

（2）互通立交施工模拟。对互通立交结构施工难点进行模拟，解决施工组织问题。

（3）主桥承台施工方案对比。针对主桥大体积低桩承台施工方案进行模拟，确定使用的施工方案。

（4）2200t浮吊仿真交互数字建造。海上架设钢箱梁体大量重，浮吊架梁风险很大，通过仿真交互模拟架梁，解决实际架梁中出现的问题。

（5）对项目进行数字化管理。利用数字化管理手段，提升项目管理水平。

（6）BIM+IoT实现智能化项目管理。利用智能设备对项目实施智能化管理，有效保障项目质量安全，确保项目顺利实施。

4.2.2　BIM 应用方案

1．组织架构

项目部全面推广、全员参与BIM技术应用和管理，设有BIM管理团队，打造数字化智慧工地，项目借助BIM平台，实现项目"人、材、机"、进度、质量、安全及文档管理。BIM组负责BIM日常事务管理；工程质量部负责BIM进度、质量填报及管理；安全环保部负责BIM安全环保信息填报；计划管理部负责4DBIM计划导入和管理；技术管理部负责BIM技术应用和管理；设计咨询部负责永久工程设计，配合BIM技术方案与结构计算。

2．软、硬件配置

硬件：服务器、云管家、油箱盖、智能安全帽、智能摄像头、无人机、三维激光扫描仪。

软件：Autodesk、Revit、Dynamo、Tekla、Midas、Rhino、Navisworks、Catia、4DBIM。

3．保障措施

秉承"BIM实施标准先行"的理念，在项目实施前编制了《澳氹第四条跨海大桥设计连建造工程BIM实施方案》、《澳氹第四条跨海大桥设计连建造工程BIM技术导则》以及BIM技术标准、应用标准、交付标准、管理办法等多份标准文件。

4.2.3　BIM实施过程

1．实施准备

在项目实施前参加了中国铁建股份有限公司举办的BIM软件两期培训班，主要详细学习Revit建模、Navisworks碰撞检测和施工模拟；项目引入4DBIM专业平台，由平台提供商对软件进行指导讲解；BIM团队由既懂桥梁工程技术又有丰富的建模、动画经验的人员组成，确保了BIM工作能够顺利实施。

2．实施过程

（1）设计优化

采用R-G-R模式进行设计优化，即采用Revit进行桩基础和下部结构建模，利用Rhino和Grasshopper对上部结构进行参数化建模，最后整合到Revit中。

针对初设阶段下承式钢桁梁桥主桁架布置在桥面两侧存在的不足进行优化设计，优化方案在横断面上将主桁向桥梁中心线平移，同时内倾$10°$，优化成果如下：

1）有效提高桁架的横向稳定性。

2）上弦杆由单箱断面调整为单箱双室断面，主桁钢材用量节省约3300t。

3）将矩形整体箱梁调整为两侧带横肋的大展翼的扁平箱梁，节约钢材约3000t。

4）桥墩优化为独柱式结构，节省混凝土约21000m³。

（2）互通立交施工模拟

A区互通立交结构施工难点包括：垂直空间三层叠加，平面上相互交叉；近岸浅水施工；永久结构、临时结构密集分布，相互影响。

BIM技术应用：倾斜摄影航拍地形模型；永久结构、临时结构3D建模；利用Revit和Navisworks建模和模拟施工；进行施工型碰撞检查。

基于倾斜摄影整合地形，进行大场景高空俯视漫游和进度模拟，直观了解整体项目概况及周边环境、大型临时设施整体布置，体现整体施工组织思路。对A区互通立交施工过程中施工平台分5个批次倒用施工，通过对5个批次施工平台倒用施工工序模拟，直观了解施工平台倒用的先后顺序，体现施工的优化。

（3）主桥承台施工方案对比

主桥承台施工难点包括：体积巨大，达22.5m×16.5m×5.5m；在水下15m处施工；航空、航道限制；台风恶劣天气影响。

BIM技术应用：利用Revit进行3D建模，包括双壁钢围堰模型和钢板桩围堰模型；利用3Dmax进行两种施工方案的模拟对比；利用Midas civil整体模型结构力学计算；进行结构安全、工期质量、安全环保、经济成本综合对比分析，最终确定采用钢板桩围堰的施工方案。

（4）2200T浮吊仿真交互数字建造

1）2200T浮吊吊装部位：主桥边跨、南北引桥上部结构、互通立交上部结构。

2）吊装难点：航空限高60m；横跨两个航道，航运繁忙；浮吊体积大，L形吊臂，运行轨迹及起吊定位是关键。

3）BIM技术应用：利用BIM+CAE技术建模，采用菜单式仿真交互技术、数字孪生技术，对2200T浮吊建模，在航空限高60m虚拟环境下对2200T浮吊的钢梁吊装进行施工模拟，对浮吊L臂架进行变幅操作模拟，验证设计方案的可行性。

（5）对项目进行数字化管理

1）4D进度管理

将Project计划与3D模型关联，将"人、材、机"根据现场实际情况分配到具体施工部位，通过手机端对现场实际进度进行填报，实现对现场施工进度的全过程动态管理，可直观反映出整个桥梁的施工过程和形象进度，帮助项目管理人员合理制订施工计划，优化使用施工资源。

2）安全质量管理

通过手机实时将问题描述和整改要求以及相应的图片发送给整改人，整改人收到通知后可以立即安排整改，并将整改情况在手机上回复给检查人以便验收，实现了问题记录和整改通知的流转。通过图钉与模型发生关联，实现模型数字化管理。

3）文档管理

施工过程的档案资料管理将施工图、施工方案、技术交底等资料与BIM构件关联，实现施工资料的有序存储和快速查询。施工资料可以是文档、图形、图像、视频等多种形式，按专业进行存储和管理，实现竣工材料数字化交付。

（6）"BIM+IoT"实现智能化项目管理

1）人脸识别闸机+车辆管理系统

在工地出入口安装了"人脸识别+体温检测"一体闸机和车辆管理系统，实现劳务人员实名制管理。同样在出入口安装车辆管理系统，实现车辆自动识别、车辆拍照留存、车辆进出记录。

2）智能安全帽

进入施工现场人员全部佩带智能安全帽，可以实现的功能包括：GPS定位、碰撞报警检测、跌落报警检测、脱帽检测、电子围栏、轨迹回放，实现安全报警智能化。

3）在主要设备上安装云管家，可实现机械设备定位、状态实时分析、台班自动统计、工作轨迹回放、电子围栏考勤、工作效率分析等功能。

4）智能视频监控

现场每一个施工部位都布置了智能视频监控，并将钢结构预制厂的监控视频接入BIM系统中，做到现场视频监控无死角。可实现报警功能有：安全帽检测、反光衣检测、人员越界、人员聚集。

4.2.4　BIM应用实践总结

1．效果总结

（1）管理效益

针对跨海大桥施工难度大、技术含量高，项目采用BIM技术，打造智慧工地，助力项目提升管理水平。一是采用BIM模拟技术进行兵棋推演，提前解决施工中可能遇到的问题；二是采用数字化、移动端办公，提高了效率，减少纸张浪费；三是采用智能设备，实时对现场进行监控，使得现场更安全，质量更有保障。

（2）经济效益

应用BIM技术产生的经济效益见表4-2。

经济效益　　　　　　　　　　　　　　　　　　　　　　　　　　　　　表4-2

序号	项目	节省成本	节省工期
1	上弦杆由单箱断面调整为单箱双室断面	主桁钢材用量节省约3300t	—
2	将矩形整体箱梁调整为两侧带横肋的大展翼扁平箱梁	节约钢材约3000t	—
3	桥墩优化为独柱式结构	节省混凝土约21000m³	—
4	桥面设施工程设计	减少Q420q钢材用量约2000t	—
5	互通立交碰撞检测	成本降低560万元	工期减少25天
6	承台施工方案比选	节省成本378万元	减少工期32天
7	3D激光扫描虚拟拼装	提升工程质量	—

（3）社会效益

项目受到澳门各界广泛关注，澳门多个团体到现场参观学习，包括业主、政府相关部门、澳门特别行政区立法会、澳门大学、建筑业协会等。获得证书包括：第六届建设工程BIM大赛一类成果、第二届工程建设行业BIM大赛二等成果、2021年"金协杯"第二届全国钢结构行业数字建筑及BIM应用大赛二等奖。

2．方法总结

（1）应用方法的总结

总结出澳氹第四条跨海大桥设计连建造工程BIM技术标准、实施方案、应用指南、管理办法等多份标准文件。

（2）人才培养的总结

在BIM岗位上直接培养了5名技术人员，在工程质量部门、安全环保部门、综合管理部门、技术管理部门等多个部门都有专门管理人员负责4DBIM管理平台应用，通过BIM技术建模、虚拟模拟、数字化管理和智能设备应用，促进相关人员了解、熟悉、掌握BIM技术。

（3）创新点或科技成果总结

创新点或科技成果总结包括投标-设计-加工-施工-运维全生命周期BIM技术应用、打造"4DBIM+IoT智慧工地"、3D激光扫描仪逆向虚拟拼装、施工进度VR技术、施工方案AR技术、2200t浮吊仿真交互架梁模拟操作系统技术。

4.2.5　BIM应用下一步计划

（1）从项目级BIM技术应用升级成企业-项目级管理平台应用，有效集成BIM 建造系统、PM项目管理系统和IoT智慧工地智能设备等系统，实现中国土木工程集团有限公司港澳分公司对项目管理规范化和标准化，提升对项目监控和管理能力，提高监管水平。

（2）公司所属主要项目全部采用BIM技术，打造智慧工地，提升企业管理水平。

（3）BIM技术亮点的全面推广，包括：企业-项目级数智建造管理平台、"4DBIM+IoT智慧工地"、投标-设计-加工-施工-运维全生命周期、基于BIM技术的正向设计、3D激光扫描/基于北斗技术的精确对接、无人机倾斜摄影和航拍监控、安全VR教育培训、施工进度VR展示、施工方案AR增强现实、2200T浮吊架梁仿真交互操作系统。

（4）BIM技术人才的培养与引进。新招聘的毕业生要求懂BIM，会BIM建模软件，对已入职的毕业生进行培训，从社会上又引进了多名懂BIM技术的人员直接到项目上担任BIM技术负责人。

4.3　中国文字博物馆续建工程项目施工阶段BIM应用

4.3.1　项目概况

1．项目简介

中国文字博物馆续建工程项目位于文字发源地河南省安阳市，工程总投资9.45亿元，建筑总面积 68300m²。该工程由文字文化研究交流中心、文字文化演绎体验中心、地下车库三部分组成，涵盖陈展区、文物库房区、文字文化学术研究中心、安全保卫区、游客综合服务区等，为河南省重点建设项目之一（图4-7、图4-8）。

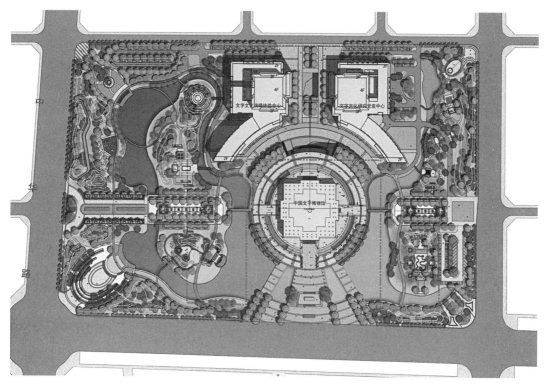

图4-7　项目规划图

图4-8　项目效果图（夜景）

2．项目难点

本项目设计呼应"明堂辟雍"的概念，外部造型复杂，四周均为69.33°的斜墙、斜柱、斜梁且层层内收，内部功能场馆复杂，各区域层高变化多样，存在多处高支模区域，机电安装难度大。项目本身为年度河南省重点项目，开馆时间要求严格，又受融资、洪水影响，工期极为紧张（图4-9~图4-12）。

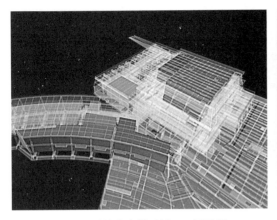 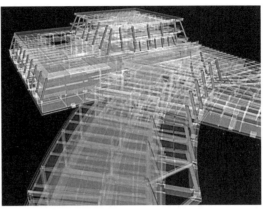

图4-9　西馆高支模区域BIM展示图　　　　图4-10　西馆斜柱结构BIM展示图

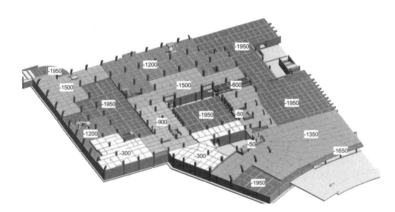

图4-11　西馆地下室顶板标高分色图

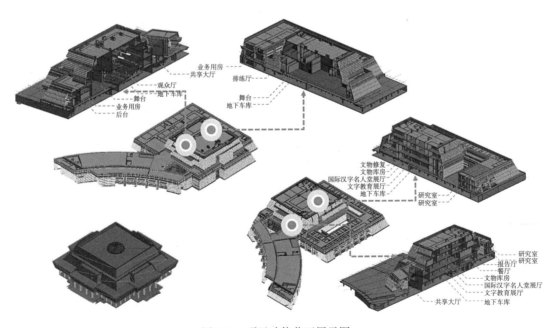

图4-12　项目功能分区展示图

3．应用目标

项目启动伊始，即从各部门的业务需求出发，策划BIM技术介入实现业务和流程重塑优化，并实现以下目标：

（1）通过BIM虚拟试错与深化优化，减少现场返工窝工，如期开馆交付。

（2）BIM成果用于三级交底，以提高复杂节点、工序交底效果，提升现场品质，辅助一次成优，助力鲁班奖目标达成。

（3）打造BIM技术"经理会懂、部长会管、现场会用"的项目管理团队，持续辐射、孵化，引领公司能力建设。

（4）总结一套集团公司投融建一体化项目BIM应用管理标准。

4．应用内容

（1）基于公司标准要求，通过BIM建模排查设计问题，出具详细的三维图纸问题报告用于图纸会审与方案沟通，减少因此造成的返工。

（2）工程例会、方案评审、技术交底等场景全面应用BIM成果，提升交底沟通效果。

（3）项目进行全专业BIM深化优化，同时解决多专业间干涉协调，部分专业直接出具经多方认定的图纸成果用于现场直接作业。

（4）通过BIM模型提取部分专业材料清单，制作材料进场计划，按清单发放材料，在源头杜绝浪费。

（5）应用数字项目管理平台，在技术管理、质量管理、安全管理等方面全面提升现场业务信息化管理水平。

4.3.2　BIM应用方案

项目团队在满足各阶段BIM信息传递的基础上，结合项目建设过程中的BIM技术应用需求，编制《项目BIM技术实施方案》，通过梳理过程需求与应用点，对相关工作流程、组织架构进行拆解重塑，并针对重构的业务制定各级工作细则与成果输出验收标准，并以目标责任书、量化奖惩考核、归档成果多级审核认定为激励措施和机制保障。建立事前可视化交底、事中信息化监管、事后数据化分析的业务实施模式。

1．组织架构

BIM工作组织分三个层级。整体由集团总工程师亲自挂帅，集团技术部副部长牵头，集团层面负责团队组建、技术与管理标准制定、资源保障、目标制定与阶段考核。第二个层级是SPV公司层面，将BIM应用纳入SPV公司总经理考核指标，设计部牵头，建设部、成本部参与变更管理、成本核算、方案优化。第三是项目部层面，技术部作为BIM应用的核心牵头部门，施工、材设、安全等各部门在业务辖属下承担相关职责，同时对分包单位要求必须设置BIM专员，解决底层应用落地的问题。

2．软、硬件配置

项目根据业务场景需求，由集团工程技术部牵头，提前统筹配置合理足用的软硬件资源，满足项目实时需求（表4-3）。

项目软、硬件配置表 表4-3

类别	类型	品牌/参数	用途
硬件	台式工作站	DELL Precision3630 I7-8700k/32G/GTX 2070	BIM建模深化优化；模型成果拓展应用
	移动工作站	DELL G7-7590	移动办公与方案展示
	中心模型服务器	DELL T640银牌4210；至强E5系/内存64G/；512GSSD/4×4T硬盘阵列	中心模型存储成果文档灾备
	智慧会议屏	MAXHUB	BIM方案沟通三维技术交底
	平板电脑	苹果iPadAir	施工现场模型成果应用
	UPS不间断电源	1000VA 600W	电涌断电保护
	无人机	大疆	形象进度留存
软件	Revit	Autodesk	BIM建模深化
	Twinmotion	Epic Games	模型渲染
	BIM施工策划软件	品茗	施工平面布置快速设计
	HiBIM深化设计软件	品茗	机电管综深化优化
	BIMMAKE	广联达	二次结构排布设计优化

3. 保障措施

本项目在满足各阶段BIM信息传递的基础上，基于建设过程中的BIM技术应用需求，以集团公司相关BIM技术与应用标准为基础，编制《项目BIM应用实施导则》。同时，根据导则要求深化管理体系，通过梳理过程需求与应用点，对相关工作流程、组织架构进行拆解重塑，并针对重构的业务制定各级工作细则与成果输出验收标准，以目标责任书、量化奖惩考核、归档成果多级审核认定为激励措施和机制保障。建立事前可视化交底、事中信息化监管、事后数据化分析的业务实施模式。

4.3.3 BIM实施过程

1. 实施准备

经多次研讨明确项目实施目标、BIM实施方案后，首先由集团总工程师牵头召开项目BIM实施启动工作会，共识BIM应用目标，明确组织架构与责任分工，宣贯技术标准与管理制度。随后为确保BIM技术成果在现场能有效应用，项目针对施工管理部及安阳字博工程项目管理有限公司部分相关同事进行专项技术应用培训，培训内容包括行业发展现状与基础理论、BIM基础建模与轻量化模型应用、集团BIM技术标准与项目各项BIM管理制度等。

2. 实施过程

设计部在技术管理平台上进行图纸及模型的线上审查与反馈。将设计变更、图纸会审及施工过程中产生的技术核定单、现场签证等与设计BIM模型进行集成管理、归档（图4-13、图4-14）。

图4-13　平台线上图审与变更管理（1）

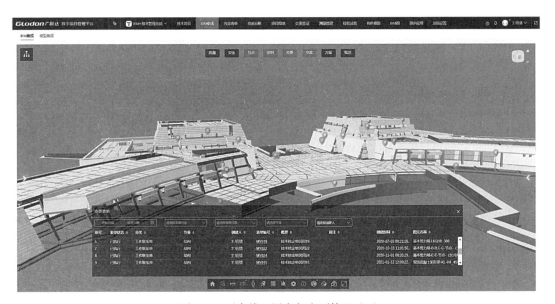

图4-14　平台线上图审与变更管理（2）

　　基础施工阶段，综合考虑放坡角度、垫层厚度等参数影响，针对聚苯板、垫层、防水层、异形集水坑等进行BIM参数化设计和节点深化，出具土方开挖平面图、三维节点图、轻量化模型（图4-15）用于测量放线、施工交底、质量检查。

　　在主体施工阶段，因为空间穿插、外围结构层层内收，架体方案复杂，通过建立两种不同的设计方案，权衡拉结方式、回填土对架体施工进度和成本的影响，从技术、工期、经济等多维度分析两种方案的优劣性，选择了对工期最有利的方案，并指导后续施工（图4-16、图4-17）。

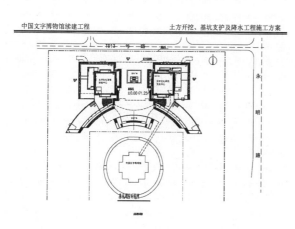
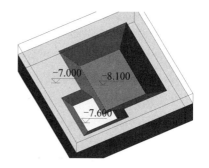
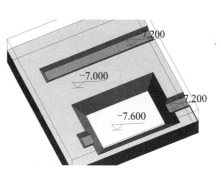

图4-15 土方基础节点深化BIM模型

图4-16 基于BIM模型的方案比选分析

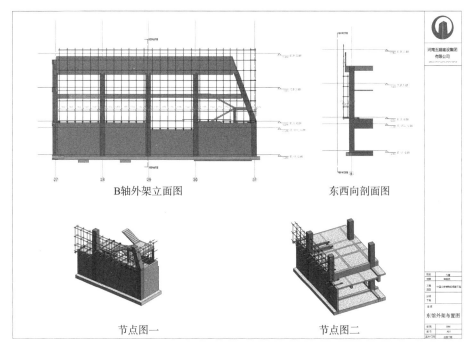

图4-17　外架BIM深化模型方案出图

钢结构方面，项目存在26根型钢柱。通过深化钢混接点，定位型钢钻孔和套管位置，输出三维节点图与加工图（图4-18），交付加工厂加工，避免现场钻孔和焊接（图4-19）。

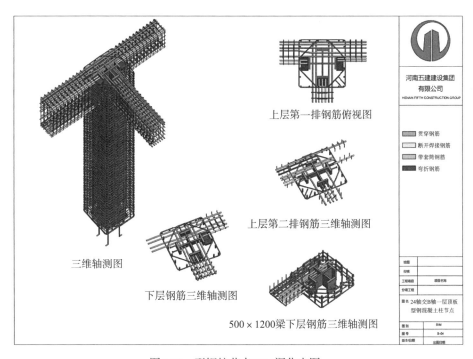

图4-18　型钢柱节点BIM深化出图

二次结构深化，通过排砖和圈梁代过梁，提高整砖利用率，节省过梁预制。通过优化，减少马牙槎近20处，减少用砖量近50m³。此外原设计图纸对地垄墙节点做法描述简单，缺乏施工指导性，技术部提前核对BIM模型与模型的一致性，软件内三维排布出图，输出地垄墙页岩砖量1104m³，各规格预制盖板数量8314块，通过提前策划减少了现场材料损耗（图4-20）。

图4-19　型钢柱节点现场实景

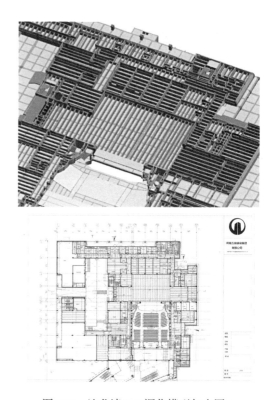

图4-20　地垄墙BIM深化模型与出图

项目东西两馆存在8处相互穿插、高度不同的高支模区域，最高达28m。通过架体预排，对演艺中心大厅等特殊部位布置方案分解剖析优化，辅助一次通过专家论证（图4-21）。

项目的幕墙有玻璃幕、铝单板、混凝土挂板等，通过建模提前发现碰撞，并予以优化。通过布局优化地插定位，卫生间铺装方案保证墙顶地一条缝，结合机电模型，优化阀门位置，减少检修口数量。

为确保机电BIM应用落地创效，项目实行了以下两个措施：①将配备BIM专员、配合BIM应用的交付与验收标准等写入分包合同。②按节点组织会审，对BIM管综成果审核认定，出图作为现场施工依据（图4-22）。

预留预埋深化出图、综合支吊架指导加工、东西馆走廊和地下室净高分析优化（图4-23~图4-25），做到对风口、喷头、灯具、检修口的精准定位。现场实现分区域同时施工，提前避让，减少返工。通过管道预分段加工、提前开孔等手段探索实施了管线预制，风管的板材利用率达到了95%。

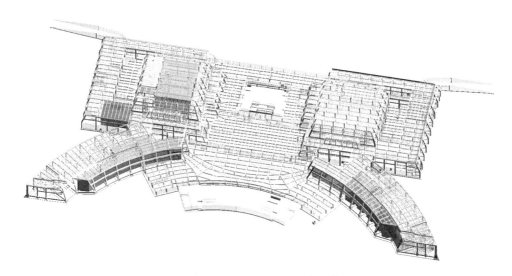

图4-21   项目高支模区域分布示意图

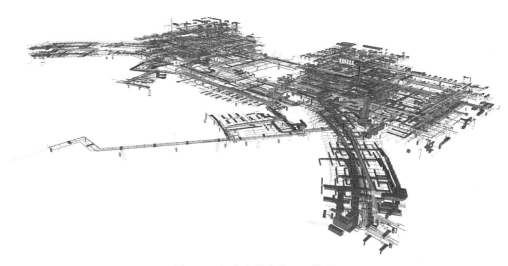

图4-22   机电安装专业BIM模型

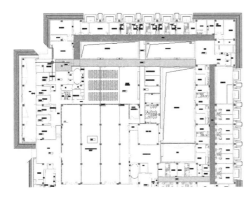

图4-23   机电管线综合复杂节点

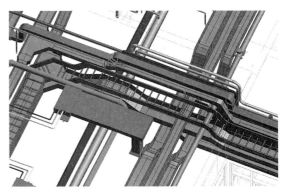

图4-24   净高分析出图

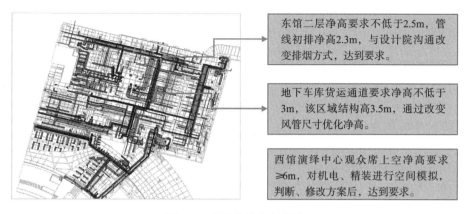

图4-25　项目东馆净高分析

　　本项目通过BIM模型集成管理标准、工程做法、质量安全标准、工艺工法，形成基于模型的沟通新模式。总包进场前应用BIM模型直观规划分析论证，优化各阶段施工场地布置，制定合理的临水临电、安全防护、泵送点与路线模拟等。设计交底前，应用BIM施工图模型辅助各方技术人员审查图纸问题，形成会审问题报告提交设计单位，提升沟通效率，减少错漏返工。施工部运用BIM轻量化模型、轴测图等成果，进行日常的方案沟通、现场调度、工序组织。在技术交底环节，将三维可视化交底交到班组层级。

　　质检部和安全部应用数字项目管理平台建立问题跟踪管理流程，辅以责任认定与奖惩措施，优化现场管理模式与岗位权责。质检员、安全员通过移动终端实时记录、推送、跟踪与销项，并在服务器中形成详细的过程记录以追溯查阅。项目经理和技术总工可在web端后台实时获知、便捷筛选所需数据，分离各类别的数据关系与问题趋势，进行深入的组群分析，以精确数据为导向对问题区域班组实施更有针对性的有效管控，提升问题解决效率。集团公司层面则是通过直营项目管理中心的智慧工地决策系统随时随地了解项目即时数据以及隐患预警，及时进行现场生产智慧调度（图4-26）。

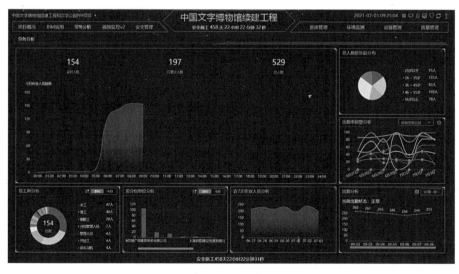

图4-26　项目智慧工地平台——劳务分析

预算和材料部，通过模型提取材料清单，制作材料进场计划，按清单发放材料，在源头杜绝浪费。部分专业利用清单，核对劳务结算所提交数据、分析偏差，仅在土方、二次结构方面就已产生可衡量的经济效益10万余元。

4.3.4　BIM应用实践总结

1. 效果总结

（1）管理效益

本项目建立以技术部门为核心的BIM数据流转和技术管理模式。以各专业深化BIM模型及相关成果为介质辅助制定技术方案，提升沟通与技术交底效率，保障外架、高支模、斜墙斜柱、型钢柱、演艺大厅等项目复杂节点的施工顺利进行。

项目场馆功能分区繁杂，空间交叉复杂，机电安装难度非常大，且与后期精装修干涉较多。通过BIM深化与管综优化，出具各方会审共识过的BIM图纸及轻量化模型用于现场施工，对分包协调、技术交底、现场施工均起到了非常好的指导作用。

应用BIM施工管理平台实现现场信息化管理，对终端采集数据进行组群分析，以分析结果为导向执行针对性的有效管控，提升业务管理问题的解决效率。

（2）经济效益

项目从人员配备、资源协调、项目策划、制度保障、信息化推进等全方位统筹管理，秉承"求真、务实、创新、增效"的BIM实施原则，重点推动各专业BIM深化设计、多专业协同作业、图纸问题虚拟排错、流程变革提高工效等内容，直接、间接产生可估算经济效益512.8万元（表4-4）。

经济效益　　　　　　　　　　　　　　　　　　　　　　　表4-4

序号	事项	价值体现
1	图纸问题筛查	BIM图审共筛查出施工图问题287项
2	土方开挖深化	BIM精确计算土方开挖量，缩短工期约8天
3	二次结构深化	缩短工期约17天； 地垄墙节约用砖45.4m³； 节约砌体218m³
4	施工方案优化	BIM辅助外架方案优化比选
5	机电管综深化	风管板材综合利用率达到95.17%； 水管管材综合利用率达到99.05%； 缩短工期约26天
6	预留预埋深化	机电预留洞深化416处
7	精装专业深化	机电与精装协同深化53处； 减少成品检修口47个； 减少瓷砖浪费233块； 比目标工期缩短19天
8	人、材、机节省费用	人、材、机费用节省152.76万元
9	增加运营收益	工期提前45天，基于7.62亿贷款，运营节省360万元

（3）社会效益

项目BIM技术应用突出，在安阳市业内享有盛誉。质监站视察、博物馆馆长视察、省定额站调研补充定额时均对本项目以BIM技术为核心的数字建造应用给予高度赞扬和认可。项目BIM技术在质量标准化管理、新技术应用、场地布置标准化管理等方面效果显著，荣获第六届建设工程BIM大赛一类成果、河南省建筑业BIM示范项目、河南省工程质量标准化示范工地等多项荣誉。

2．方法总结

（1）应用方法的总结

依托本项目建立了"集团直管、标准统一、双重保障、数据牵引"的项目BIM管理模式，在集团、项目两个层级设立BIM实施制度与资源保障机制，探索实现了12项项目管理业务实施流程的优化，并已在后续3个项目中得到推广实施。

（2）人才培养的总结

项目管理部自2020年起，在两年的时间里通过集团系统培训、全员参与策划制定与宣贯、岗位目标责任压实、项目业务流程融合等多种手段，建立项目BIM技术应用"沉浸式"氛围，原有项目管理团队中包括经理层、部长层、执行层20余人接受了系统的应用培养，目前通过项目团队"裂变"，已培养具备系统管理与应用经验的项目经理2人、生产经理2人、技术总工1人、其他各级管理人员15人。

（3）创新点或科技成果总结

公司以本项目为依托，定制研发了企业的BIM管理系统，实现集团BIM考评、技术标准、BIM人员、BIM资源、项目BIM成果归档等功能的在线管理。满足企业和项目两个层级对内业务管理、对外品牌展示的诉求。

4.3.5　BIM应用下一步计划

本项目采用"F+EPC+O"的模式，河南五建建设集团有限公司既是施工方也是投资和运营方。集团已在与中国文字博物馆及安阳文旅集团洽接规划建成后场馆及整个园区的数字化运维方案，下一步拟调研、遴选适用的运维平台，对BIM竣工模型进行优化，用于运维阶段的信息挂载与价值传递。

4.4　BIM技术在装配式项目施工阶段的综合应用与产业化落地

4.4.1　项目概况

1．项目简介

上海中心商办项目（图4-30）位于上海市青浦区地块，总建筑面积64084.91m²，其中地上建筑面积41934.56m²，地下建筑面积22150.35m²；地上均采用装配式结构。北侧2栋高层，1号楼13层，为自持办公楼；2号楼12层，为自持酒店，南面布置11栋多层建筑，均为5~6层，局部通过连廊相连，由甘肃第六建设集团股份有限公司承建。

2．项目难点

本项目重难点主要有以下几方面：

图4-27　项目效果图

（1）专业队伍配合要求高，装配式建筑各参建单位、各专业施工队伍配合要求高。

（2）装配率高、预制率高，项目整体采用PC构件，装配率达70%，预制率达40%。

（3）安装精度要求高，PC构件生产前，需要向厂家提供精确预留线盒以及预留洞口等预埋件的位置。

（4）节点复杂，在主次梁、梁柱核心区等部位钢筋节点复杂，多梁相交处节点复杂。

（5）机电管线排布密集，尤其是地下室机电专业多，管线复杂，深化设计难度大，管线排布困难。

3. 应用目标

近期目标：通过上海中心商办项目的试点应用，总结BIM+PC装配式建筑的应用标准与协同管理式方法，作为公司其他项目的应用指南，充分利用BIM技术可视化、协调性、模拟性、优化性和可出图性的特点解决PC装配式建筑辅助深化设计、生产协同、施工安装过程中存在的问题。

远期目标：通过本项目试点应用，总结经验辅助甘肃地区装配式建筑发展与建筑业信息化水平，辅助企业在当地建立PC装配式生产车间，实现深化设计、生产加工、施工安装的全流程应用服务，推动当地PC装配式建筑的真正落地应用。

4. 应用内容

依托公司自建的首个PC装配式建筑，充分将BIM技术融入项目全过程应用，解决了施工机械选型分析、斜抛撑内支撑支护、精细化土方算量、高空搭接组合钢平台深化模拟、幕墙预埋定位等问题。同时针对PC装配式建筑的特点，辅助二次深化、连接节点细化、机电预留预埋，结合公司自主研发的BIM管理平台，实现预制构建自出厂至安装全过程的构建追踪等。总结混凝土装配式建筑通过应用BIM技术解决各类重难点的方法，并依托科研课题，在甘肃地区建立PC装配式产业园，实现全流程服务，助推当地PC装配式建筑发展。

4.4.2　BIM应用方案

项目中标后，公司立即组织BIM中心与项目BIM工作室对接，熟悉图纸，与设计单位、深化单位、构件加工厂积极对接，提前介入开展工作。根据项目总体目标和企业BIM应用标准，编制了项目BIM实施策划。项目实施策划对于BIM应用提出了明确的要求，建立了相关组织机构与管理制度，详尽地计划了BIM的应用点和应用范围。

1. 组织架构

作为公司首个PC装配式项目，以集团公司BIM中心为依托，BIM中心下沉项目部共同成立BIM实施小组，加强项目BIM应用效果。同时合理分配小组人员岗位职责，确保各项工作有序开展。

2. 软、硬件配置

本项目BIM技术实施主要采用Autodesk平台软件，辅助以鸿业、MagiCAD、红瓦等各类插件补充Revit软件自身的不足。具体软、硬件配置如表4-5、表4-6所示。

项目主要软件配置表　　　　　　　　　　表4-5

序号	BIM软件名称	主要功能应用
1	Revit 2016	模型创建与深化设计
2	Navisworks 2016	轻量化整合集成多种格式模型并进行碰撞检测
3	Dynamo 1.3	编制程序组，提高模型创建过程中重复工作效率
4	Lumion 10	用于3D可视化场景创建和图像、视频渲染
5	3Ds Max 2016	施工交底动画渲染
6	MagiCAD	管线优化、修改与支吊架设计及计算
7	鸿业机电	抗震支吊架设计、计算；深化设计出图
8	红瓦插件	PC构件辅助深化设计、出图
9	六建集团BIM管理平台	集成全专业模型，通过模型辅助项目管理人员实现质量、安全、进度管控，实现构件自出厂至安装验收全过程的基于构件二维码的物料追踪，协同各部门人员实现基于平台的项目精细化管理

项目主要硬件配置表　　　　　　　　　　表4-6

序号	硬件名称	硬件配置	数量
1	台式计算机	处理器：i7-6700K 显卡：Quadro K4200 内存：32GB 硬盘：256SSD/1T	4

序号	硬件名称	硬件配置	数量
1	台式计算机	处理器：i7-11700K 显卡：RTX2080 内存：32GB 硬盘：256SSD/1T	3
2	移动计算机	处理器：i7-7700HQ 显卡：GTX1050Ti 内存：16GB 硬盘：512SSD	2
3	平板电脑	IPAD	2
4	服务器	阿里云 8核16G 1T储存 Linux系统	1

3．保障措施

企业通过近几年BIM项目应用积累，同时为了提高企业场地布置及模型创建效率，自主研发了基于Web端的企业族库平台，包含建筑、结构、机电、场布四大类型15项族库，加之集团BIM中心创建的机电样板文件、各类国家标准与企业标准、通用交底动画库等功能，辅助项目模型创建与BIM技术实施，避免重复建模增加工作量以及场布族文件与企业VIS标准不符的情况发生。

4.4.3　BIM实施过程

1．实施准备

项目部全体人员参与，针对项目重点、难点情况编制项目BIM技术实施策划，明确BIM实施的阶段目标、协同工作方式，详尽地计划了BIM的应用点、成果输出和应用范围。项目BIM工作室明确组织架构及分工职责，建立BIM管理制度，确立BIM实施工作流程，并针对本项目多方协同的特点，将深化单位、构件加工厂共同纳入协同管理范围，结合项目进度计划编制更为详细的BIM实施计划，分专业、分阶段组织实施，并定期进行检查与考核。

2．实施过程

（1）图纸审查

BIM小组针对本工程土建及机电模型创建过程中发现多处图纸问题进行汇总，在施工前期与设计院沟通。在实际施工过程中尽可能避免碰撞问题的出现，以达到减少返工、节约工期的目的。

（2）场地布置深化

将模型结合现场情况及公司标准化布置的要求进一步进行修改及优化，合理布置现场施工道路、PC构件堆放区、塔吊及材料堆放等，减少现场布置不合理造成的人工及材料的浪费，节约成本，同时通过对材料堆放区、PC构件钢筋场等占地面积的优化，以此缩短现场运输及转运距离。

（3）基础及支护

1）工程桩优化

针对桩基础施工难点，BIM小组对桩基础采用Dynamo进行模型创建，避免人工重复定位布桩，提高模型创建效率。制作交底动画辅助工程桩施工重点与难点区域的交底，通过建立模型与施工模拟，对无法施工的区域，与设计院协调沟通将此处225根PHC管桩变更为混凝土灌注桩，解决现场实际问题，如图4-28、图4-29所示。

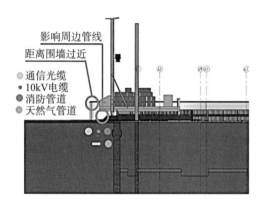

图4-28　无法施工区域剖面图

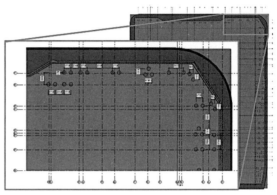

图4-29　桩基变更区域示意图

2）基坑放样与精细化土方开挖

因本项目涉及内支撑斜抛撑支护形式，土方开挖共分9区4段进行，利用模型模拟土方开挖方案，不仅作为技术交底辅助内容，还通过模型精准提量的优势，对开挖土方进行了精细化提量。

3）基坑支护

BIM小组针对内支撑支护特点，根据支护设计方案进行二次深化完善，对斜抛撑进行建模并与地下室主体结构整合，调整斜抛撑间距与牛腿位置，避让地下室结构梁、柱，并根据挖掘机真实工作数据模拟不同土方开挖方案的效率与可行性，辅助施工机械选型，最终确定预留土方的开挖方案（图4-30）。

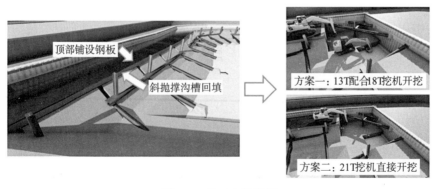

图4-30　施工方案模拟

（4）高空大跨搭接式组合型钢支撑平台施工工法

设计过程中通过建模分析不同工字钢使用情况，将通长钢梁优化为由两端带斜撑的悬挑型钢支座与型钢主次梁平台通过焊接及U形卡扣搭接组成主要受力骨架，平台受力明确，可承受较大上部荷载。通过设置两端悬挑型钢支座，有效解决了型钢平台主梁悬挑及锚固长度不足的难题。

（5）幕墙预埋件定位

因装配式建筑无法二次预留幕墙埋件，需在预制构件深化前对幕墙进行二次深化，并对预埋件位置进行准确定位。通过利用BIM模型，检查预埋件与龙骨碰撞情况，提前发现问题并进行修改，确保幕墙预埋准确、齐全、无误，同时创建预埋件定位图，对幕墙复杂节点模型进行可视化交底，辅助施工（图4-31）。

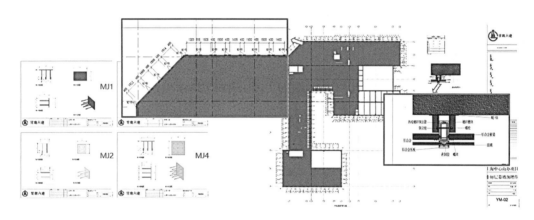

图4-31　幕墙埋件定位与加工图

（6）机电管线深化

各专业模型综合后对应碰撞检测结果优先对管线密集、排布复杂的节点部位优化，生成平面图与剖面图辅助现场安装施工。同时进行净高分析，对较低区域与设计沟通调整，最终优化完成后出预留洞口图指导地下室套管预埋（图4-32）。

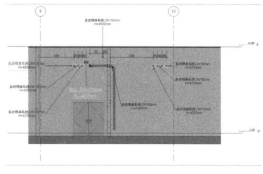

图4-32　地下室管综优化节点

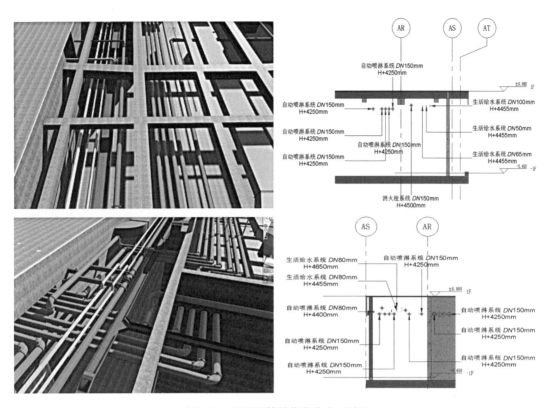

图4-32　地下室管综优化节点（续）

（7）PC构件拆分

本项目PC构件主要包括墙、柱、梁、板和楼梯。创建模型辅助PC构件拆分，结合实际情况先进行粗拆，拆分时需考虑以下几点原则进行：

1）机械——根据生产厂家吊装机械及施工现场吊装机械的起吊半径及起吊重量，对超大、超重构件进行拆分。

2）生产——满足工厂生产工艺及生产流程要求，对超大、非标准构件进行拆分，以利于生产。

3）运输——拆分构件符合现阶段交通法规要求，杜绝出现难以运输的超宽、超高及难以吊装运输的构件。

4）施工——根据现场实际情况，对异型构件、施工难度较大的构件进行拆分。

（8）PC构件节点深化

重点对主次梁交接节点进行建模，发现主次梁交接部位梁钢筋位置冲突、梁柱钢筋冲突无法施工、多梁相交核心区钢筋冲突以及预制与现浇节点钢筋冲突的情况。通过优化次梁底筋位置避让、梁柱核心区变更梁钢筋锚固板、调整现浇部位钢筋位置等措施解决节点部位钢筋冲突问题，并出具深化图纸指导PC构件加工制作（图4-33）。

（9）PC构件机电预留预埋

BIM小组优化了管线交叉以及穿梁处做法与位置，通过模型确定预埋线盒及预留孔洞的位置、尺寸及数量，生成加工详图，指导工厂预制，避免错留、漏留（图4-34、图4-35）。

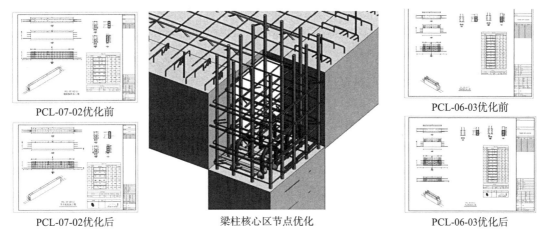

PCL-07-02优化前

PCL-07-02优化后

梁柱核心区节点优化

PCL-06-03优化前

PCL-06-03优化后

图4-33　梁柱核心区节点深化

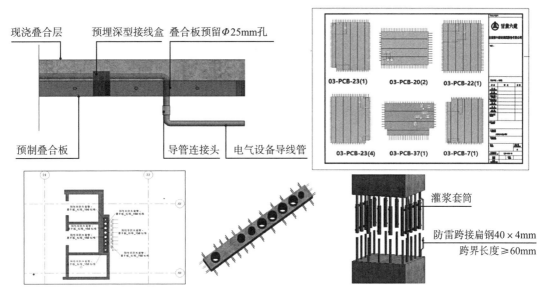

图4-34　机电各类节点深化

（10）PC构件运输道路及堆场

利用BIM技术可视化的优势，对PC构件堆放场进行合理规划，多方案比选。运输过程中，利用BIM技术模拟运输路线及转弯半径，确定最优运输路线。堆场设置在塔式起重机有效起吊范围内，构件按类型分区分片堆放，尽量减少构件二次倒运；堆场周边应避开其他高耸构件，以便构件装卸和吊装工作（图4-36）。

（11）预制构件追踪

对于装配式建筑，构件追踪能够最大限度控制构件自生产至安装的进度，利用甘肃第六建设集团BIM管理平台对预制构件进行物料追踪（图4-37），导入模型生成二维码，设置流程节点，分批次制定物料追踪流程，确定责任人，从生产至安装实时更新构件动态，现场施工人员扫码实时掌握构件生产运输情况，为安装做好准备。

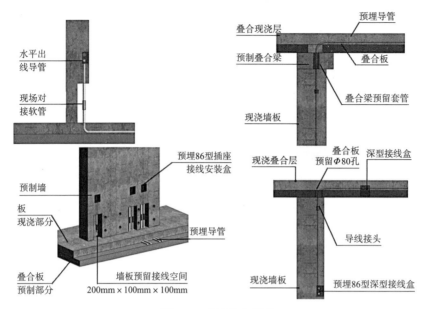

图4-35　连接节点深化

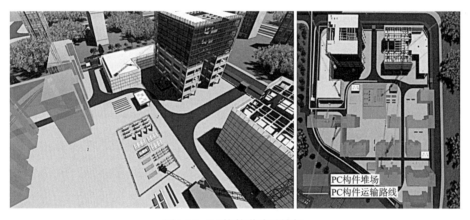

图4-36　PC构件道路及堆场

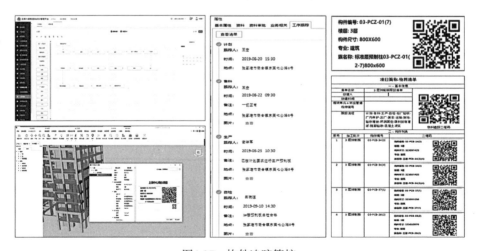

图4-37　构件追踪管控

（12）材料检测信息化标识

试块检测过程中，在试样抽取、制作时，监理单位或者建设单位的见证人员应当对检测试样张贴或者嵌入唯一性识别标识，并现场将检测试样信息录入检测信息系统。项目部按照规定留置混凝土试块，将检测试样送检测机构进行检测，过程保护唯一性识别标识。检测机构接收检测试样时，应当通过检测信息系统进行唯一性识别标识的信息比对。

4.4.4　BIM应用实践总结

1．效果总结

（1）管理效益与社会效益

本项目参加了2019年度上海市青浦区装配式建筑研讨会及现场实体观摩，获得了行业的一致好评，并获得了上海市青浦区2019年度区级文明工地的称号，获第六届建设工程BIM大赛一类成果、第十届龙图杯全国BIM大赛施工组一等奖、甘肃省第三届BIM大赛特等奖、兰州市第三届BIM大赛一等奖等荣誉。

（2）经济效益

本项目通过应用BIM技术优化节点钢筋连接，通过场地布置合理设计塔吊、运输道路、堆放场地等，同时优化管线排布，精确预留预埋，节约工期约67天，项目成本节约42万元。

2．方法总结

（1）应用方法的总结

1）PC装配式建筑BIM应用

本项目作为公司首个全面应用BIM技术的装配式项目，总结了一套适用于装配式建筑管理模式的BIM应用标准，作为公司其他项目的应用指南。同时结合甘肃省住建厅课题、天水装配式产业园，共同打造甘肃省内BIM+装配式应用环境以及提供成熟的实施经验，可对甘肃省同类工程施工提供一手资料与实施经验。

2）六建集团BIM管理平台

利用公司自主研发的甘肃六建集团BIM5D平台，实现现场质量、安全、进度信息化管理与智慧工地应用。项目采用现场信息化管理，通过问题分类、质量安全问题实时通知与整改、质量安全评优等功能的结合应用，促使信息快速传输，完成现场施工质量及安全的实时管理及监控。

（2）人才培养的总结

本项目通过建立BIM团队，引导推广了BIM技术在项目的全面应用，锻炼了团队人才，先后有10人通过BIM一级等级考试。建立集团BIM培训机制与BIM人员的选拔制度，结合微信平台进行BIM技术的长期培训，为集团全面推广应用BIM技术储备人才，并将BIM实施人员向更加专业化、精细化发展，打造一支综合能力强的BIM团队。

（3）产业化落地应用总结

通过对上海中心商办项目的总结，结合甘肃地区装配式推广需求，企业于2020年在甘肃天水建立华陇绿色装配式产业园，进行PC构件的深化、生产加工与施工全流程实施。产业园的建立一方面为推动甘肃地区PC装配式建筑应用提供了参考借鉴，为整个行业的发展起到了示范作用，另一方面能够促进其他衍生行业的良性发展，真正实现了PC装配式建筑产业化的落地应用。

4.4.5 BIM应用下一步计划

本项目作为公司首个全面应用BIM技术的装配式项目，总结了一套适用于装配式建筑管理模式的BIM应用标准，作为公司其他项目的应用指南。下一步，集团将依托本项目成熟经验与天水装配式产业园，在甘肃省积极推动PC装配式建筑发展与应用，结合BIM技术实现深化、加工、安装全流程服务，提高建筑业信息化水平，助力甘肃地区PC装配式建筑落地应用。

4.5 中国石化（亦庄）智能制造研发生产基地项目"BIM+精益建造"综合应用

4.5.1 项目概况

1．项目简介

中国石化（亦庄）智能制造研发生产基地项目位于北京市经济技术开发区，是由中国建筑第七工程局有限公司承建的一项集行政办公、智能研发、试验测试、生产加工等功能为一体的综合性生产基地项目（图4-38），结构形式为框架-剪力墙结构，总建筑面积11.7万m^2。

2．项目难点

（1）本项目定位京津冀一体化战略重点项目，被工程局确定为中建集团标杆项目、局重点"BIM+精益建造"示范工程、"BIM+三统一"研发载体项目。

图4-38　中国石化（亦庄）智能制造研发生产基地项目效果图

（2）本项目质量目标为北京市长城杯，质量目标要求高，且因疫情防控影响工期压力大，各专业交叉施工多，施工总承包管理难度大。

（3）本项目单体工程多、设计图纸和施工方案优化工作量大、地下管线复杂且排布困难等难点亟需采用BIM技术进行解决。

3．应用目标

项目拟采用BIM技术解决以上技术难题，利用BIM技术为基坑方案演示、模板设计、管线综合、砌体排布、幕墙深化等进行图纸和方案深化优化，并对全程管理进行BIM平台化支撑；借助BIM技术对计划与工期、设计与技术、施工质量、合约采购等过程与阶段进行精益管理；同时，本项目承担BIM+精益建造、BIM+三统一管理融合任务，以及BIM专利的突破，为公司培养BIM高素质人才，实现数字化智慧建造工地探索等任务目标。

4．应用内容

依托BIM技术进行项目目标分析，以土建、机电、幕墙专业重难点为依托，运用"BIM5D"平台协同，建立BIM应用方案架构，依据工程局标准和指南，形成包含计划与工期、设计与技术管理、施工质量管理、合约采购管理等方面的总体策划。

进行BIM技术专项工期优化，以关键分部分项工程为主线，结合BIM应用点进行全过程工期策划，明确了关键线路工期优化目标；预期实现工期节约，为BIM应用价值评估提供支撑（图4-39）。

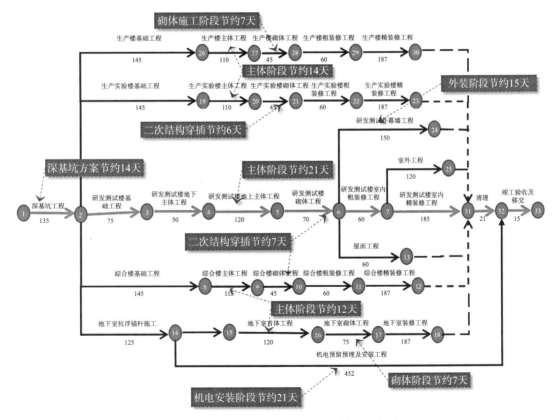

图4-39　基于BIM的专项工期优化策划示意图

4.5.2　BIM应用方案

项目即确定了"BIM+精益建造"整体实施指导方案，并依此完成了工期优化策划、数据交互方案、组织保障方案、软硬件方案以及实施标准导则。

1. 组织架构

组建经验丰富的BIM团队，并进行相应工作任务分工，构建项目BIM应用组织架构，在整体策划的统筹下，从精益建造、三统一、项目应用分析、解决方案、执行落地等方面建立了涵盖工程局、设计院、BIM中心、项目经理部等能力健全的应用保障机制。

2. 软、硬件配置

依据BIM各项任务，准备软、硬件方案；配备各类BIM软件和广联达数字项目平台等软件并搭建了项目图形工作站、云端服务器、移动工作站等硬件设备（图4-40）。

软件配置				硬件配置			
序号	软件名称		软件用途	名称	硬件配置型号	设备	数量
1	建模深化类	Revit	建筑、结构专业建模软件	图形工作站	型号：惠普Z440 功能：模型建立与维护等基础工作		4
2		MagiCAD	暖通、给排水、电气机电专业建模软件				
3		品茗MJ	模板脚手架深化和安全计算	移动工作站	处理器：英特尔®酷睿™ i7-6700 显卡NVIDIAGeForceGTX960M 内存：32G		1
4		Tekla	钢结构建模、深化设计				
5		RHINO+GH	幕墙建模、深化设计				
6	后期表现	Navisworks	三维设计数据集成，软硬空间碰撞检测，项目施工进度模拟展示专业设计应用软件	台式电脑	型号：惠普Z840+群晖DS1515 NAS网络存储服务器 功能：各专业分包BIM小组数据共享平台		1
7		3D max+PR	施工动画制作、效果图渲染、后期处理	天宝机器人	RTS771		1
8		UE4	场景方案开发应用				
9	成本数据	广联达造价类软件	造价工程计算、预算结算、集成模型前规则处理	点云扫描仪	X130扫描仪		1
10	协同管理	广联达BIIM数字项目平台	精益建造体系协同管理	VR设备	型号：HTC VIVE pro2.0 VR 功能：设计方案沉浸式体验		1
11		三统一平台	测量、深化、下料采购协同管理				

图4-40　软硬件配置详表

3. 保障措施

结合公司《BIM应用实施导则》作为企业内部BIM技术实施的统一标准，内容涵盖通用篇以及土建、机电、幕墙等专业篇，编制项目《BIM实施策划方案》，对项目BIM应用进行提前策划，确保项目BIM应用落地实施。

4.5.3　BIM实施过程

1. 土建基础应用

采用BIM技术进行场地分析，优化解决现场场地狭小问题（图4-41）。

基于BIM模型建立，审查出各专业图纸问题140项次，提高了图审效率。

同时制作施工工艺动画和虚拟样板，用于交底演示，有效保证交底效果，防止质量通病发生（图4-42）。

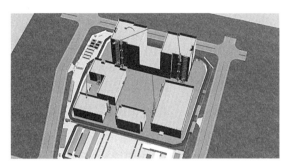

图4-41　场地分析及塔式起重机优化示意图

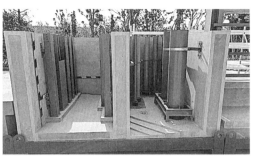

图4-42　管道井虚拟样板与实体样板图

2．超危大工程BIM应用

针对本项目建筑层高种类多、个别较高和单体悬挑构件多且造型不规则问题，应用BIM技术，分别从建模阶段（结合BIM模型识别统计）、方案设计阶段（创建方案模型）、方案编制阶段（出具计算书及相应剖切图）进行高效的高支模和新型悬挑架方案优化设计并辅助专家论证（图4-43~图4-45）。

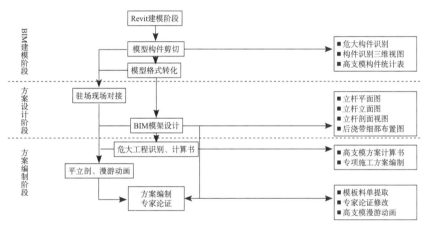

图4-43　"BIM+高支模"方案设计应用流程图

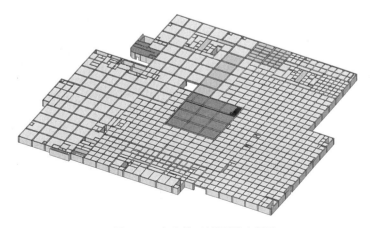

图4-44　高支模区域识别示意图

7. 安装梁另一侧模板	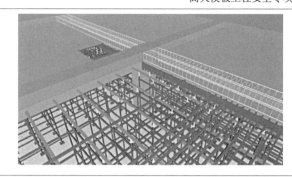
	安装梁另外一侧模板，梁表面采用内撑条，间距≤800mm
8. 安装侧模的立挡、横挡和对拉螺杆	
	梁净高≥600mm时，应设置穿梁对拉螺栓，对拉螺栓固定应有两根并列通长的方木或双肢Φ48.3×3.6mm钢管作支托（横挡），不得直接固定在梁侧面板上

图4-45 高支模专项施工方案及配图

3. 机电基础应用

本项目综合管线复杂、排布困难，依据BIM模型碰撞检查进行综合管线优化、复杂节点深化设计、水暖井组合式立管安装优化、核心筒预留预埋深化、综合支吊架设计深化应用。提前发现图纸问题，合理规划管线安装位置，减少翻弯浪费，提高使用空间高度（图4-46）。

会同项目各方进行BIM管综方案确认，出具整套的BIM施工图纸130余张，用于指导施工，提高效率、缩短工期。

依据BIM成果制作机电三维漫游场景动画，进行机电各专业交叉施工工序协调，提高各方沟通效率，同时使技术交底更加便捷、效果显著。

4. 电力电缆应用

本项目电缆型号达30余种且预分支电缆

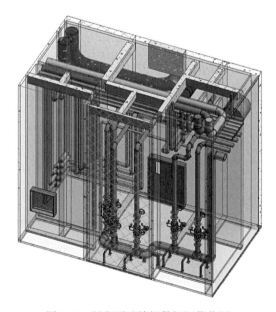

图4-46 研发测试楼报警阀间优化图

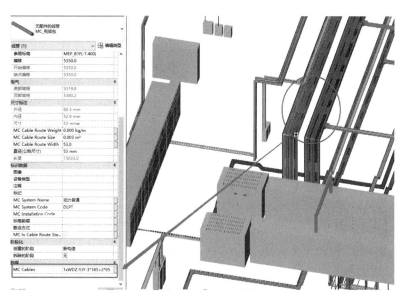

图4-47　BIM模型赋予电缆信息示意图

现场手工下料困难。依据管线综合优化结果，导出电缆工程量清单及图纸，指导电缆精准下单，改变了预分支电缆现场手工测量下料的流程方式，大大节省了人工成本（图4-47）。

5. 风管预制

利用BIM技术将风管构件模型转化为预制零件模型，自动排版下料，现场结合清单及分段编码进行安装。实现风管自设计优化、工厂预制到现场安装的无缝衔接，从而减少现场下料产生的污染及材料浪费，共计进行风管预制化下料45135m²，降低风管损耗2023m²，节约成本7.2万元（图4-48）。

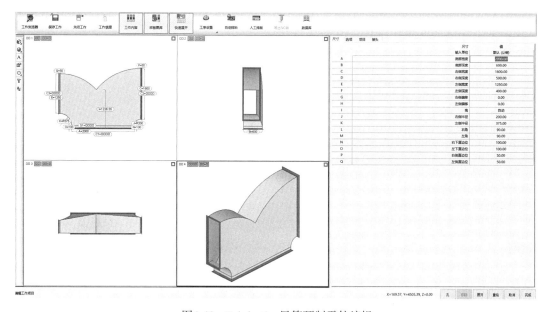

图4-48　Fabrication风管预制零件编辑

6. 幕墙应用

本项目采用公司三统一模式通过三维点云扫描提取建筑外表面结构及预埋件三维点云数据，利用BIM技术逆向建立BIM模型，随后与钢构模型进行碰撞检查和幕墙优化设计，最后参数化生成幕墙加工料单及安装定位点用于指导下料及安装，提高下料效率和安装精度，实现该项工作的降本增效，取得了很好的效果（图4-49）。

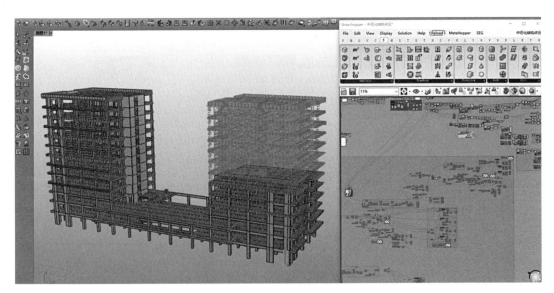

图4-49 Rhino逆向建模编程处理

7. BIM+协同管理

充分运用并行工程、斑马进度计划系统、末位计划系统、价值工程等先进精益建造管理理念、管理方法，汇集工程局快速建造、总承包管理等管理经验成果，通过全过程质量管控，降低质量风险；通过推动项目安全、环境标准化管理，提高资源周转利用效率（图4-50）。

（1）生产管理

首先运用先进精益建造管理理念，汇集工程局快速建造等管理经验建立了"BIM+精益建造"管理模型。

生产经理结合工序任务包快速编制总进度计划并创建以关键进度节点为核心的配套任务体系。在此基础上进行以周计划为单位、手机APP配合的精细化三级计划联动管理。系统进行BIM可视化展示，让管理班子做到项目生产了然于心、管理有序高效（图4-51）。

（2）安全管理

项目依托系统PDCA流程进行安全管理并引进物联网、智能AI技术以及"BIM+VR安全教育设备"等新技术，在贯彻安全管理政策的同时，也提高了项目安全管理工作效率（图4-52）。

（3）质量管理

基于项目BIM模型，形成覆盖项目重点工艺和全部实体的虚拟样板，以扫码查看学习的方式进行可视化交底，保证交底效果。同时基于平台和智能硬件对现场实测实量和质量

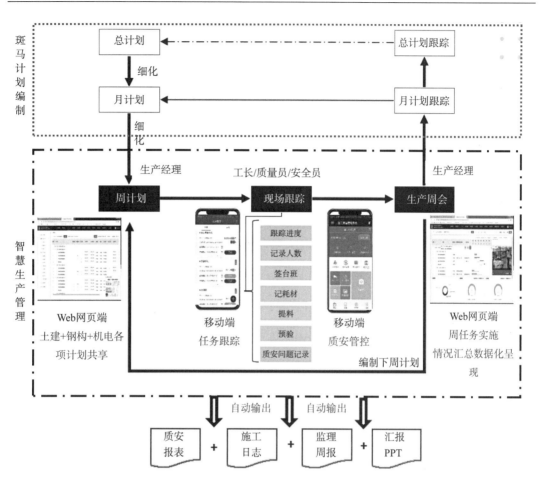

图4-50　系统业务管理架构图

图4-51　基于WBS的配套任务体系

图4-52 基于BIM的安全隐患可视化管理界面图

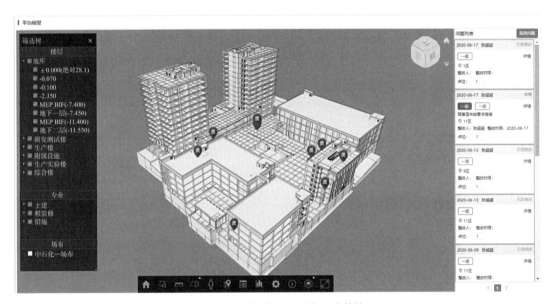

图4-53 质量问题与模型可视化跟踪管控

问题进行实时动态可视化管控，流程简洁且闭环留痕（图4-53）。

8．BIM+创新管理

（1）BIM+装配式机房

利用BIM技术对制冷机房（图4-54）进行深化设计、模块化拆分，划分形成装配模块单元（图4-55），并制作高精度预制加工详图，进行工厂化预制加工，组织现场拼装。装配式机房施工具有工期快、质量好、安全高、环保利、成本低等诸多优点。

（2）BIM+三统一平台管理

幕墙施工实施采用测量放线、深化设计、材料下单"三统一"（图4-56）的管理模式，

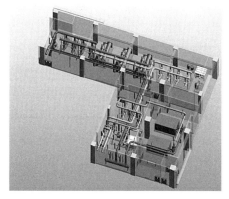
图4-54　装配式机房整体模型

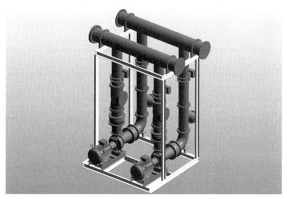
图4-55　机房装配模块

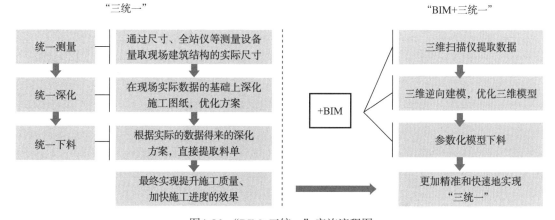
图4-56　"BIM+三统一"实施流程图

有效确保了施工质量、安全、工期，提高项目履约水平，降本增效，为项目的精益建造提供强有力的技术后台支撑。

4.5.4　BIM应用实践总结

1. 效果总结

本项目通过"BIM+精益建造"的全面应用，实现节约直接经济效益137.4万元，增值经济效益353万元。结合项目施工进度计划，在项目实施过程中基础、主体、机电、装饰装修4个阶段，BIM技术的综合应用保证了关键工序的完成节点，并为项目节约26天有效工期（表4-7）。

2. 方法总结

以本项目为载体，创新突破两项基于BIM技术的发明专利，依托该项目进行公司"三统一"应用平台的研发应用，并成功申报工程局研发平台课题。

本项目BIM应用成果获中国建设工程BIM大赛一等奖、龙图杯全国BIM大赛一等奖。本项目应用成果受到社会广泛认可，陆续接待了众多的观摩和交流活动。

BIM技术应用效益分析表   表4-7

BIM技术应用点	取得的效果	直接经济效益	增值收益
模板方案优化	通过BIM模架计算，试算分析将墙体优化为双C型钢，顶板优化为方钢，并出具模板清单	节约17.5万元	提高材料周转率
新型悬挑脚手架专项方案	对锯齿型由型钢预埋优化成型钢悬挑，没有锯齿形的型钢由原来的1400mm优化为1190mm	节约5万元	
塔式起重机方案优化	按照投标阶段方案施工结合现场施工进行优化，方案由5台塔式起重机优化为4台塔式起重机配合汽车吊施工	节约10万元	
数字项目平台应用	对进度管理、安全管理、生产管理进行管控，现场发现及时整改		节约汇报、记录方面人工预计3万元
图纸问题排查梳理	查找出问题建筑、结构图纸问题51处；机电图纸问题62处	节约22.6万元	
机电深化设计	管线综合优化解决重大碰撞问题21条；进行综合支吊架设计133副；出具各类BIM优化图纸160张	节约41.3万元	出具BIM优化图纸，合理优化综合排布，增值260万元
电力电缆优化	优化节约电力电缆460余米	节约13.8万元	
风管预制	进行风管预制化下料45135m^2，节省2023 m^2	节约7.2万元	
装配式机房	合理优化机房空间布置，确保一次成优率，装配循环泵组11台，分、集水器2台，各类水系统管道960余米		取得增值效益80万元
3D扫描及土建结构逆向建模	避免幕墙面层与土建结构碰撞		增值10万元
幕墙材料下单	降低幕墙材料损耗率2%	节约20万元	
合计		137.4万元	353万元

4.5.5 BIM应用下一步计划

下一步，公司会将本项目重点BIM技术应用推广到公司其他项目中，特别是高支模方案设计、机电风管预制、"BIM+三统一"管理，提高项目精细化管理水平，为项目创优创效提供有力支撑。

同时，公司将加快BIM技术普及应用，培养一批研发能力强的BIM工程师。打造"BIM+"成为公司核心竞争力，加大"BIM+精益建造"管理实施广度，培育科学发展新路径，助力"千亿七局"高质量发展，打造具有全球竞争力的世界一流企业。

4.6 海安市上湖医院新建工程BIM技术应用

4.6.1 项目概况

1. 项目简介

海安市上湖医院新建工程为EPC总承包工程。一期工程总建筑面积14.82万m^2，地上建筑面积11.47万m²，地下建筑面积3.35万m²。工程总投资11.5亿元，其中医疗设备投资约1.5亿元。项目结构为装配式框架结构，由江苏省苏中建设集团股份有限公司承建。

2．项目难点

（1）本工程为EPC工程总承包项目，涉及土建、机电、幕墙、医疗专项、精装修、智能化、亮化、绿化等一系列专业，各专业的协同管理是一大重点。

（2）"满概不超概"的成本管控，成本管控贯穿于设计-施工-采购整个工程管理流程。

（3）作为市重点项目，创"鲁班奖"工程，本项目现场标准化策划要求高。

（4）主楼基础筏板厚度1.9m，集水井部位最大浇筑深度达4.1m，连续浇筑方量达到11000方，混凝土的裂缝控制至关重要。

（5）住院部大厅支模高度为9.9m，跨度达21.2m；车库部分顶板厚度达350mm，部分梁为超限梁，属于高大模板工程。

（6）由于结构转换的要求，地下室至住院楼三层存在劲性混凝土结构，梁柱节点的施工成为影响施工质量及进度的重要因素。

（7）本工程安装系统多，设备多、管线密集，末端装置排列复杂；工程智能化程度高，施工组织、综合调试复杂。

3．应用目标

通过在项目中使用BIM技术进行各专业的协同管理、成本管控和现场标准化策划，使整个项目的统筹规划和协同运作得到加强，有效解决设计与施工的衔接问题。切实解决了施工中的难题，减少了人工费、材料费等成本支出。培养出更多的懂BIM技术、会使用BIM技术的综合型人才。

4．应用内容

在设计阶段参与设计，进行BIM设计优化。施工阶段进行现场标准化策划、Revit施工图设计模型建立、广联达成本管控模型的建立、图纸问题记录、土建细部模型的建立等。在项目施工过程中，我们还采用了一些BIM创新应用，如电梯井钢筋防护及临边定型化防护、悬挑式盘口外脚手架等。同时搭建了全面的智慧工地，包括：实名制通道、扬尘控制系统、VR安全体验馆等系列应用。

4.6.2 BIM应用方案

项目策划阶段进行结构、建筑、机电、钢构、幕墙、部分位置精装修BIM模型的建立。本项目为EPC项目，收到图纸第一时间梳理出不易于施工的问题，及时与设计院对接。各阶段施工现场平面布置时，创建基础、主体、装饰装修三个阶段场布模型。

项目应用阶段，做好土方开挖总体施工部署的动画模拟以及各个阶段的方量计算。基坑支护专项方案要做到根据基坑支护图纸，创建BIM模型。要做好施工进度模拟动画，模拟各工序在各楼栋的推进过程，形成动画展示。项目创新应用阶段使用了盘扣式外脚手架-可调节水平杆，同时采用建筑施工消防永临结合的方式，对项目消防临水系统进行施工，达到了节约项目施工成本的目的。

1．组织架构

BIM中心经理：BIM实施方案的编制，工作的部署，与项目部对接。

BIM中心主管：统筹管理项目实施过程中的BIM技术应用，组织开展工作。

BIM土建组长：落实BIM技术应用、全过程技术支持。

BIM安装组长：落实BIM技术应用、全过程技术支持、管综深化。

BIM土建工程师：结构、建筑、幕墙、精装修模型创建及交底，部分专项方案动画制作及交底，轻量化平台实施指导。

BIM安装工程师：机电专业模型创建，管线优化，设备房深化，支吊架深化。

2．软、硬件配置

项目软、硬件配置见表4-8、表4-9。

项目软件配置　　　　　　　　　　　　　　　　　　　表4-8

序号	实施专业	应用软件
1	综合场布	草图大师、720云、Smart3D
2	土建建模类	Revit、鲁班、广联达
3	机电建模类	Revit
4	钢结构建模类	Tekla、Revit
5	基础设施类	Revit
6	BIM模拟类	Naviswork
7	动画演示类	3Dmaxs、Lumion6.0、Ae、Pr
8	轻量化协调管理平台	译筑
9	移动端	译筑

项目硬件配置　　　　　　　　　　　　　　　　　　　表4-9

名称	类别	名称	类别
操作系统	Windows10	硬盘容量	1TB固态硬盘+2TB机械硬盘
处理器	Intel Core i9-10700K 十核	显卡类型	独立显卡
内存	128GB	显卡芯片	RTX3090
硬盘类型	混合硬盘（SSD+HHD）	显存容量	24GB

3．保障措施

（1）人员配置

项目入手即准备组建BIM系统的执行小组，可根据项目实际情况分为土建、结构、暖通、给水排水等专业。此外，还需要有专人负责总分包之间的BIM信息交接，保证各部分工作无缝衔接并顺利进行。

（2）检查制度

首先确定检查内容，然后根据内容的不同选择适宜的专业人员并确定检查频次。例如，一般需要及时检查终端信息反馈与现场实际工作是否同步，以确保建筑工程信息的及时性和有效性。

（3）模型维护制度

督促本单位及各分包单位在施工过程中及时维护更新模型，有时还需按要求对模型进行深化设计，并提交相应的BIM成果，以保证各方在同一模型平台协同工作，共享同一建筑信息。

（4）应用保障体系

需要专业人员定期对BIM应用成果进行反馈。此外，在项目实施过程中充分借鉴已有的成功案例并定期组织BIM小组会议进行总结和探讨。

4.6.3　BIM实施过程

1. 实施准备

关键岗位人员，主要是技术、安全、成本人员进行有效沟通。挑选成员组建BIM团队，明确各岗位人员职责。BIM建模前期确立相应的建模标准和规范，建立标准族库，便于项目统一使用。

2. 实施过程

（1）BIM设计优化阶段

基础结构优化部分：住院楼原设计方案为"柱下厚承台+防水底板"的基础形式，经优化改为1.9m厚整体筏板基础。地下室两桩承台共74个，高度2m，优化为1.6m。节约混凝土470m³。裙房部位防水板配筋从C14@150优化为C14@170，预计节约钢筋117t。结合《江苏省危大工程管理细则》及《南通市模板工程规定》等有关文件要求，对车库350mm厚顶板进行厚度优化，降低模板支撑费用。主体结构优化部分对钢结构劲性柱进行设计验算，减小型钢截面尺寸和劲性柱数量。此外，在门急诊顶棚、防水部分基础底板防水、外幕墙部分等方面均做了设计优化，减少了设计变更和资源浪费，更好地保证工程按计划进行。

（2）BIM实施阶段

工程开工前，利用BIM技术对项目进行场地模拟布置，对生活区、办公区、施工区进行科学合理布局，快速出图，减少工期、节约成本等，并可以配合制作场地漫游、施工动画、脚手架模拟、天气模拟等。

前期通过建模、管线排布、净高分析，结合BIM人员以及技术总工的工程经验，对图纸表述不清、设计可优化处以及后期施工存在问题的地方，整理提出BIM优化意见，与各专业协调此类问题，提升设计施工图质量。模型创建过程中，及时对图纸问题进行汇总，共计解决土建图纸问题约180余条，机电图纸问题240余条。

管线综合支吊架是在安装工程中将给水排水、暖通、电气、消防等各专业的支吊架综合在一起，统筹规划设计，整合成一个统一的支吊架系统，有利于节约成本、加快施工进度、提高观感质量，并最大限度地节省空间，根据上湖医院项目BIM总体要求建立支吊架模型。

使用Navisworks对机电模型各专业之间进行碰撞检查，批量发现模型碰撞问题，继续进行机电深化，涉及图纸问题的碰撞，加强与设计师的沟通，并出相应的图纸问题报告。需穿结构梁或结构墙的管道，应经设计确认后继续深化并出相应的孔洞预留图、套管预埋图。上湖医院项目管线数量多，通过Revit软件的算量明细应用，对其明细数据进行二次运算处理，根据实际进场材料单元长度，对余废料以及配管短节进行提料重组，极大减少了现场预制加工后的剩余废料数量，侧面促进了项目降本增效。

为了使砌块合理排布，加快施工进度，在地下室二次结构施工前对墙体进行编号并绘制砌块排列图，后期指导现场按图施工。本工程地库及人防部位共分为17个区段，除厨房、卫生间、垃圾房等有水房间采取页岩多孔砖砌筑，其余墙体均为砂加气混凝土砌块。BIM工程师针对415道墙体进行排版，确定构造柱、圈梁位置。每道墙体标准砖及非标砖的数量全部进行统计，施工班组完全根据排版图进行施工，严格履行领料用料制度，控制材料用量。

本工程采用盘扣式内撑支模系统，超限梁梁底部分采用扣件钢管支撑。

盘扣式脚手架在底部和顶部设置可调支撑。节点处采用楔形栓与盘扣圆孔铆接。底层满铺斜拉杆，上层间隔4~5跨布置斜拉杆。板底主次龙骨布置与普通钢管脚手架一致。盘扣式脚手架可结合普通钢管脚手架，根据不同类型梁板节点布置组合脚手架。

（3）BIM创新阶段

施工现场采用电梯井钢筋防护及临边定型化防护；为创省文明工地，本工程外脚手架采用悬挑式盘扣脚手架体系。为保证方柱混凝土成型效果，本工程采取抱箍取代对拉螺杆；现场采用槽钢、高强螺栓组合，制作定型化钢筋原材堆架，既美观大方，又能达到可拆卸、高周转的目的；为保证混凝土浇筑质量，所有润泵砂浆及泵管清洁水，全部通过波纹管回收至一层楼面的回收池中；为确保结构支撑体系的安全，方便施工，节约材料成本，在后浇带处采用独立柱的支撑体系，与平台模板连接处断开，不影响平台模板的拆除。本工程采用建筑施工消防永临结合的方式，对项目消防临水系统进行施工，达到了节约项目施工成本的目的。

智慧工地搭建中，我们采用了施工现场设置项目实名制通道，运用人员实名制管理系统对进出人员实行管制。通过现有的成熟的人员控制设备，控制工地现场人员进出。杜绝闲杂人员进入施工现场，同时准确统计施工人员进出工地的信息。现场设置地面主干道水雾喷淋、围墙喷淋及雾炮机喷淋、脚手架喷淋、塔式起重机喷淋，可实现低、中、高三个层级同时开启喷淋装置。项目部利用VR技术，打造VR安全体验馆，通过模拟高处坠落、坍塌等25种事故场景，让工人亲身体验，增强工人的安全意识。施工阶段周期性对施工现场进行无人机拍摄，高空俯视现场。

4.6.4 BIM应用实践总结

1. 效果总结

（1）管理效益

通过对模型进行进度模拟，合理优化施工进度，在结构施工中节省工期15天，预计节约成本50万元。

通过协调办公提高了工作效率，提高项目与其他责任主体及各专业协同工作效率，为项目节省了大量的时间。

项目通过BIM技术的使用与研究，为企业培养各种（建模、造价、进度管控）高质量人才，为组建更多完整信息化管理团队提供了巨大助力。

（2）经济效益

通过对基础的优化，累计降低混凝土量约3000m³、钢材260t；同时减少了模板措施费和人工费等成本支出，约280万元。

基础底板防水由自粘聚合物改性沥青防水卷材改为无需混凝土保护层的1.5mm非沥基自粘胶膜预铺反粘防水卷材，防水工程费用降低约20元/m²，合计约100万元。

结合江苏省有关文件规定对地上装配式结构进行设计优化，取消裙楼及主楼6层以下装配式叠合板和楼梯，减小叠合板预制厚度，折合成叠合板约4.3万m²，降低材料费约75%，约650万元。

（3）社会效益

项目先后获得南通市江海杯BIM技术应用大赛一等奖、江苏省建设工程BIM应用大赛一等奖、第二届工程建设行业BIM大赛三等奖、第四届"优路杯"全国BIM技术大赛铜奖等荣誉。

2. 方法总结

（1）应用方法的总结

采用BIM技术对机电管线进行综合排布，通过三维模拟解决冲突，优化走向和管线路由，达到了优化空间、提高空间使用率的目的，确保了项目各使用功能的标高要求。

利用软件服务和云计算技术，构建了基于云计算的BIM模型，不仅可以提供可视化的BIM3D模型，也可通过WEB直接操控模型。使模型不受时间和空间的限制，有效解决不同站点、不同参与方之间的通信障碍，以及信息的及时更新和发布等问题。

通过BIM技术对施工方案进行模拟，提高了方案审核的准确性。BIM技术可在建筑物使用寿命期间有效地对建筑物进行运营维护管理，BIM技术具有空间定位和记录数据的能力，将其应用于运营维护管理系统，可以快速准确定位建筑设备组件。对材料进行可接入性分析，选择可持续性材料进行预防性维护，制定行之有效的维护计划。

（2）人才培养的总结

BIM中心对公司所有技术质量管理人员每年进行两次培训。培训前，BIM中心专门编制了BIM技能培训手册，包含了Revit等一系列软件的基础操作知识，帮助学员对BIM的系统性认知，并实现融会贯通。后期进行线上、线下相结合的答疑方法，解决学而不解的问题。在学习的过程中，选拔出优异的人才，加入到BIM中心。在项目BIM应用过程中，我们也会通过系统培训和实施应用，培养BIM应用人才。他们都将成为未来公司BIM推广应用中的生力军，为BIM技术的全面普及添砖加瓦。

（3）创新点或科技成果总结

本项目使用了电梯井预埋钢筋网片、临边定型化防护、悬挑式盘扣外脚手架、可调节水平杆、方柱定型加固件、可拆卸钢筋原材堆架、润泵砂浆回收体系及后浇带独立支撑体系等创新点。还取得了提高大截面劲性柱混凝土一次成型质量合格率、提高PC墙安装质量合格率等QC成果。

4.6.5　BIM应用下一步计划

质量品质的提升对于公司来说是一个隐性的受益，借助优良的产品，产生良好的市场口碑，进而抢占以及开拓市场。借助BIM技术，优化项目管理体系，加强信息传导，减少信息不对等性，让项目和公司的管理层更好地做决策，更好地提升项目的整体质量管控水平。

最后进一步加强培训力度，在领导干部及项目经理培训班中分别增设BIM课程讲明BIM价值，打造专业齐全、层次匹配合理、具有实际应用经验和较强竞争力的BIM人才队伍，实现"高层能懂、中层能用、基层能做"的目标。

4.7　怡和·清徐国际教育小镇项目BIM应用分析

4.7.1　项目概况

1.项目简介

怡和·清徐国际教育小镇项目属EPC项目，建设地点位于太原市清徐县文源路与纵五路交汇处，分为商住A区、B区和学校区块，总合同额22亿元，总建筑面积54.1万m²，建筑内容包括地基及基础工程、主体工程、屋面工程、安装工程、装饰装修工程、小区配套工程等。

总承包单位为中国电建市政建设集团有限公司。

2.项目难点

（1）装配式施工

招投标文件要求本项目装配率不小于30%，前期筹建过程中，施工单位向设计单位重申了此要求，拟采用装配式叠合板及预制楼梯进行楼板及楼梯施工，预制构件600余种，也对现场施工及各预制件的位置确定提出了设计要求。

（2）系统优化排布

项目建设范围内涉及学校建设，考虑学校工程的特殊性，需体现空间灵活性、安全可靠性和功能长远性等。对学校内机电施工（括通风、给水排水、弱电、消防等）多种系统管线排布提出了更高标准的要求，施工图纸优化难度大，质量安全要求高。

3.应用目标

项目拟采用"BIM+"技术指导现场施工，解决工程量计算审核、装配式配件定位、施工及安全方案可视化交底、机电系统碰撞检测及设计优化等问题，进而节约项目工期及费用成本。

该项目是公司进行建设工程全生命周期BIM技术应用开展的进一步探索，旨在培养一批技术骨干的同时开展对策划阶段BIM技术应用的研究，对公司信息化、数字化改革进行深入探讨和落地实施。

4.应用内容

项目采用"BIM+"技术指导现场施工，通过高精度模型建构及广联达平台进行工程量提取，辅助现场工程量审核工作；通过场景漫游进行建成效果预览，直观展现设计效果及建成效果，优化施工平面布置，为参建各方提供高效沟通的平台与技术支持；通过各系统间碰撞检测，解决各系统间碰撞问题，优化机电管线排布；通过利用"二维码"技术及信息化集成平台明确现场装配式构件安装位置，利用信息集成平台进行人力资源及班组管理，保证工程施工效率；通过方案动画模拟进行施工方案比选，高效组织施工。

项目利用BIM技术可视化、数字化、信息化的特点，组织现场施工管理，避免发生窝工返工现象，提高现场施工效率。

4.7.2　BIM应用方案

为保证本项目BIM技术应用落地以及高效有序进行，公司抽调骨干力量组建BIM工作团队，保障工作有序开展。

1. 组织架构

成立了以公司领导为核心，以BIM项目经理为主要负责人的BIM工作团队，并将工作划分为机电专业、土建专业、应用实施三个工作小组。

BIM项目经理负责BIM小组的统筹管理、BIM实施方案的制定和具体工作的协调和安排，负责项目部内部BIM技术培训组织。

项目技术负责人需熟悉项目情况，协助BIM小组对施组、方案及重难点进行梳理，同时对模型的优化及施工模拟提出针对性建议。

土建专业负责施工土建BIM模型的建立、维护、共享、管理；利用BIM模型优化施工方案，通过BIM技术进行可视化技术交底等。

机电专业负责机电BIM模型的建立、维护、共享、管理；负责运用BIM技术展开各专业深化设计，通过碰撞检查解决管线施工难题，及时做好图纸问题记录和变更管理等工作。

2. 软硬件配置

为保证BIM工作有效落地，项目配备了专用的工作站及软、硬件设施，包括图形工作站4台，高配置笔记本2台，大疆无人机等，同时积极利用VR等设备辅助工作开展。软件方面利用Revit、广联达、BIMFILM、Twinmotion、3Ds max等软件全面推进BIM工作。

3. 保障措施

为保障BIM实施工作高效、有序进行，项目依据广联达模型交互规范、公司建模规范及项目BIM技术应用方案进行标准化构建和应用，明确实施目的及实施要求；确定BIM实施过程各重要目标节点，保证任务目标按期完成；同时积极与项目相关人员及设计人员对接，明确设计思路及设计要求，贴合现场实际，起到切实指导现场施工的目的。

4.7.3　BIM实施过程

1. 实施准备

自项目策划BIM工作开始，BIM团队组织项目建设方、设计方和业主方相关人员多次商讨，结合各方意见明确实施目标。BIM小组成员为加强团队协作，每日工作结束前开展"碰头会"，汇报当天实施进度的同时，对在BIM实施过程中遇到的问题、为完善实施过程提出的建议进行讨论和分享，建立统一的工作思路并不断完善、改进。

2．实施过程

（1）"BIM5D+智慧工地"

通过运用广联达"BIM5D+智慧工地"数字决策系统，实时进行项目劳务分析、塔吊工效分析、项目用电监测、环境监测及安全隐患分析等，通过人脸识别系统，实时了解施工现场人员出勤及人员组织情况；通过塔吊工效分析，了解塔吊历史作业情况，提出优化建议，提高作业工效；通过环境监测分析，记录环境情况。利用数字决策系统实现了施工过程可追溯、结果可分析，助力项目管理水平升级。

（2）BIM机电专业深化设计

针对本工程包含专业多，项目利用Revit软件对地下车库及学校进行了机电专业建模，包括给水排水系统、通风系统、采暖系统和消防喷淋系统等；通过各系统间碰撞检查，发现碰撞问题158项，优化关键节点问题142项；通过机电模型与结构模型碰撞检查，发现碰撞问题58项，优化问题58项。出具优化设计图纸25张，避免了后期因图纸问题带来的停工以及返工，节约工期16天。

（3）装配式建造

根据业主招投标文件要求，项目装配率不小于30%，为落实装配式施工，本项目采用装配式楼板及装配式楼梯施工工艺。本工程全部PC构件的加工制作由山西建投远大建筑工业股份有限公司进行，在各项设备的基础上，完成模具组装、钢筋与预埋固定、浇筑养护和吊运出厂的全套流程，形成"BIM+PC数字化加工+施工现场安装"的完整产业链。

由设计院出具装配施工深化设计图纸，对预制构件进行分类、编号，并标注装配位置；生产厂家根据深化图纸进行预制构件生产，并将构件属性生成二维码信息，在出厂前贴附于预制构件上。通过预制构件二维码的跟踪定位，可以在其运输至施工现场后，直接进行吊装，避免了材料的二次转运，同时减少了材料堆放，提升了吊装效率。

项目技术人员通过Revit软件对预制构件进行模型翻建，并使用BIMFILM软件进行装配式施工模拟，强调施工工序，明确施工要求，形成施工动画辅助现场交底。预制构件运输至施工现场后，施工人员进行二维码信息数据读取，明确装配位置及装配工序后开始施工。

本项目预制构件设计、生产、运输、装配全过程运用"BIM+二维码"技术，使得各工序无缝对接，实现了预制构件生产安装的信息智能化和动态化管理，提高了施工管理的效率。

（4）算量、计价应用

利用广联达土建计量GTJ2021对1号楼进行建筑结构模型创建，同时导出钢筋、混凝土等主要工程量，与项目上的工程量清单进行校核，形成工程量偏差分析表，发现2处工程量偏差超过5%，经多次验算检查，发现是模型绘制问题导致工程量统计有所偏差，调整后模型工程量与清单工程量基本吻合，可以作为计价依据，这也为今后利用模型计算工程量积累了宝贵经验。通过广联达云计价平台GCCP6.0进行清单计价、组价，便于合同、物资部门做好成本管控。

（5）VR安全体验

项目配备VR安全教育体验馆，通过VR技术实现安全教育和应急培训演练。当施工人员遇到危急情况时，可以增强自我保护意识，有序地进行应急处置，保证个人安全。

（6）广联达数字项目平台

通过手机客户端，现场安全、质量管理人员可对存在的安全质量问题进行实时拍照，上传并通知施工队伍管理人员在整改期限内进行整改，完成后对问题区域拍照上传，再通知检查人对问题区域复查，从而做到闭环管理。通过"BIM+技术管理"系统，对项目的施工方案、技术交底、图纸及项目族库等进行在线管理，将创建的建筑整体模型和预制构件模型分别载入项目模型库和构件库中，实现图纸、模型、方案实时查看，方便管理。物资管理人员可以通过物资提量功能获得对应的物资清单，便于施工现场物资管理，提高管控能力，保证物资供应。

4.7.4　BIM应用实践总结

1．效果总结

（1）管理效益

BIM技术的应用对项目现场实施起到了指导施工的目的，完善了对各施工环节的管控，极大保证了施工体系的高效运行，同时提供了一个集中的数据信息平台，方便参建各方的沟通交流与协同管理。

（2）经济效益

通过BIM实施应用，本项目节省工期约36天，节省成本约90.6万元（表4-10）。

BIM实施应用的经济效益　　　　　　　　　　　　　　表4-10

应用阶段	应用点	成果
模型应用	施工部署	通过三维建模、可视化场地部署，优化塔吊位置，提高了吊装效率3%，节约工期约6天，节省成本约6.2万元
	碰撞检查	通过机电系统间及机电与结构碰撞检查，合计发现问题316条，节省成本约8.1万元
	机电深化	通过机电管线深化、机房深化，合理预留孔洞，节约工期约16天，节省成本约40.4万元
	装配式施工模拟	通过预制件施工模拟，提升了施工质量和效率，节约工期约14天，节省成本约35.9万元
	广联达计量计价	通过广联达软件对现场成本及物资用量进行控制，保证施工质量
广联达数字项目云平台应用	劳务管理	通过应用数字化智慧平台，发现较大影响进度及工期的事件12次，及时采取措施、调配资源，保证施工进度
	质量安全控制	通过应用广联达项目云平台手机端进行质量安全管理，提升了沟通效率和管理能力，保证了工程的质量和安全
	BIM+技术管理	通过技术管理系统，落实图纸、变更管理，落实交底到施工人员，并通过扫描二维码的方式便于查看各项方案，保证现场施工质量
合计	节省工期约36天，节省成本约90.6万元	

（3）社会效益

BIM技术在怡和·清徐国际教育小镇项目的应用落实，将积极应用新技术、采用新方法的中国电建市政建设集团有限公司展现在山西人民面前，呈现出中国电建人的精神面貌。

本项目逐渐成为参建各方施工的典型工程及标准案例，为后续项目的招投标工作奠定了有力的案例支撑，为项目申报山西省"汾水杯"、"国家优质工程奖"等提供了有力的技术支撑。

2. 方法总结

（1）应用方法的总结

数字信息平台的运用，极大改变了参建各方信息交流的方式，促进了各方的沟通联络，为各方下次合作奠定了良好的基础。"BIM+"技术的应用，扩展了信息化的范围，促进企业高质量发展，为公司数字化转型发展提供了宝贵的经验。

（2）人才培养的总结

项目BIM工作的有序开展，为公司培养了一批优秀的BIM技术人才，为建设BIM团队，尤其是具有BIM思维的管理人员提供了发展的平台。

（3）创新点或科技成果的总结

怡和·清徐国际教育小镇项目是中国电建市政建设集团在山西境内首次大规模运用"BIM+"平台的项目，对下一步山西市场的开展有着重要的案例支撑作用。基于项目BIM应用情况，公司以其为代表积极对接各学会、协会，学习BIM前沿领域技能知识。荣获"第六届建筑工程BIM大赛一类成果"、"龙图杯第十届全国BIM大赛施工组三等奖"、"2021第四届优路杯全国BIM技术大赛铜奖"等。

4.7.5　BIM应用下一步计划

怡和·清徐国际教育小镇项目的BIM技术应用情况良好，但对数字平台的运用仍可继续挖掘，同时应继续加强力度，开始着手运维阶段的应用工作。

深入开展VR技术的应用，对于复杂工序的设计，通过VR技术进行完善与优化，达到其辅助设计、指导施工的目的。深入应用"BIM+IoT"技术，加强对进场材料、机械的管控，从生产到使用全流程监督，保证施工质量。

4.8　BIM技术助力鄂州花湖机场航站楼及空管塔台项目智慧建造

4.8.1　项目概况

1. 项目简介

鄂州花湖机场是亚洲首个全货运机场，位于长江南岸，地跨鄂州市燕矶、杨叶、沙窝三个乡镇。中建三局集团有限公司承建了鄂州花湖机场的两大标志性建筑——航站楼及空管塔台（图4-57、图4-58）。鄂州花湖机场房屋建筑工程施工2标段，包括航站楼、货运站及社会停车场总图工程。鄂州花湖机场塔台小区及空管配套工程包含塔台小区、场监雷达站、二次雷达站、天气雷达站、导航台等8个单体。航站楼及空管塔台项目具有BIM实施要求高以及专业间、标段间接口协调工作量大、工期紧等特点。

图4-57　鄂州花湖机场航站楼效果图　　　　　图4-58　鄂州花湖机场塔台效果图

2．项目难点

（1）要求施工前就创建好深化模型，利用模型指导现场施工，而工程建项目一般具有参与方多、需求灵活、影响因素多、专业知识广等特点，在现场施工前创建好合格的全专业模型难度大。

（2）基于BIM模型开展按模施工、按模质量验评、按模计量等深度应用难度大。基于BIM模型开展传统的业务，对"数字孪生"建造要求高，同时平台需满足各项工作流程，对搭载模型的平台要求高，任何一环工作滞后都影响BIM应用的顺利开展。

3．应用目标

先有BIM模型后施工，在施工前，对包括结构、建筑、内装、机电、总图等全专业进行BIM深化，建立出一套能交底、能施工、能验评、能计量、能运维的BIM模型，打造机场BIM施工落地应用的成功典型案例。

项目按照"数字孪生"的理念，基于BIM模型串联设计、交底、施工、验收、计量、竣工等施工全过程，实现BIM深度应用，助力四型机场（以平安、绿色、智慧、人文四个方向打造的未来机场）示范和建筑信息化改革试点示范项目建设。

4.8.2　BIM应用方案

BIM应用方案对项目BIM应用目标和任务进行了专业细致的分解，对不同阶段工作的内容、方法、重难点以及应对措施进行了缜密的分析和规划，并针对性地制定相关应用流程以及文件管理制度、例会制度等各项管理制度，全力保障BIM应用目标的实现。

1．组织架构

良好的组织保障是确保项目成功实施BIM技术的先决条件。建立项目级、部门级、应用级的三级保障架构，成立工程信息模型技术工作实施小组（简称BIM工作组），全面负责本项目BIM应用实施的相关工作。BIM工作组组长由项目经理亲自担任。三级保障架构如下：

（1）项目级：由项目经理代表公司和项目部对项目BIM应用目标实施全面管控，并对BIM工作组的工作所需资源进行全面协调支持。

（2）部门级：项目部建立以信息总监为主要负责人的工程信息模型技术工作实施小组，全面负责项目信息化实施的人员调配、计划安排、质量把控、需求落实、与其他部门沟通协调等方面的工作，保障信息化工作高质量、高时效、高标准完成。

（3）应用级：BIM工作组致力于应用BIM技术对设计进行深化工作、深化设计模型应用、与其他部门共同进行项目质量、安全、进度、成本计量、资料信息、变更等方面的管理工作，同时负责项目管理平台上成果与数据的更新维护工作。

2. 软、硬件配置（表4-11）

项目软、硬件参数及数量表　　　　表4-11

项目		说明	数量
电脑配置	配置1	CPU：Intel 至强E-2124 主频3.4GHz； 显卡：Nvidia P5000，16GB显存； 内存：32G； 硬盘：256SSD+1THDD； 操作系统：win10	14
	配置2	CPU：Intel Xeon W-2145 3.7G 8核16线程； 显卡：NVIDIA Quadro RTX 6000，24GB显存； 内存：128GB； 硬盘：256SSD+2THDD； 操作系统：win10	2
软件配置	Autodesk Revit 2018	—	软件配置

3. 保障措施

（1）统一思想、全员参与。项目经理给予本项目充分支持和强力的推动，自上而下统一BIM认知，逐级参与，层层落实。从项目领导到项目业务部门，从现场管理人员（施工员、质检员、技术员）到分包技术人员、现场人员再到施工班组，全员参与BIM，运用BIM。

（2）创新项目管理模式，以BIM牵头各项工作。BIM成为项目各项业务流的核心主线，项目管理流程围绕BIM实施及应用为核心展开，全员配合BIM深化设计工作，全员落实BIM应用。

（3）加强对BIM应用计划实施情况的检查、跟踪、督促。建立周会议制度，每周组织召开BIM专题例会，及时检查工作进展和计划执行情况，分析可能出现影响应用进度或应用质量的潜在问题，尽可能地做好各方面的充分估计和准备，及时调度资源，避免出现不必要的延误。

4.8.3　BIM实施过程

1. 实施准备

（1）深度看图、图集等相关规范

在建模之前，发动现场管理人员（施工员、质检员），分包技术人员、现场人员，劳务班组等项目全过程管理人员深度看图，由技术负责人对建模人员进行图纸及规范培训，确保建模人员对图纸、规范熟悉，并且对重点、难点、易错点进行重点解析。

在建模过程中，施工技术人员及分包技术人员对建模相关问题进行解答，做到按图建模、准确建模、规范建模。全体现场管理人员及班组技术人员参与BIM深化设计，在带着深化设计任务理解设计图纸，加深领会设计意图。

（2）培训

进行是BIM操作及专业知识的培训。根据BIM工作开展需要组织培训课程，面向项目工程技术人员、分包队伍、施工班组长等开展 BIM 知识及模型相关操作培训，使其掌握基本的操作方法。同时通过专业知识培训，确保模型深化符合专业知识，满足实际需要。

（3）全员参与深化设计及成果审核

一方面，实施全员参与BIM深化设计，各参与方为BIM深化设计提供技术支撑；另一方面，参与各方要审核BIM设计成果，在BIM深化成果的检查环节加上实施经验的融合，使得BIM深化模型更贴近现场。

2. 实施过程

（1）BIM深化设计

项目应用BIM有以下特点：

1）BIM主导，以先有模型后开工为原则，BIM模型=施工蓝图，先有模型后开工，BIM应用深入各业务，引领施工技术和施工生产，通过BIM加强施工质量管控和进度管控。

2）BIM深化精度高，全计量要素精细深化，施工准备阶段模型精度需达到LOD400。

3）"四全"原则：全阶段、全专业、全业务、全参与。BIM工作覆盖准备、施工、竣工等全阶段，模型深化涵盖地质、土建、机电安装、总图、市政、道路、钢结构、幕墙等全专业，包含施工管理过程中技术、生产、验评、计量、审计等关键业务。

依据碰撞检测、工程量对比、人工核查等方式对专业内、专业间和标段间所存在的冲突、错误、设计缺漏以及施工可行性等方面的问题进行核查，在正式施工前对设计成果进行排查，将设计变更工作前置，有效地减少了图纸错误，减少不必要的浪费和返工，切实提高工程质量，形成各专业图纸会审记录800余项。

利用BIM技术对施工方案进行模拟，包括总体施工组织模拟、场地布置、专项施工方案模拟等，并辅助方案优化。基于模型开展房间净高分析，辅助净高优化，以三维方式直观体现预埋与留洞情况，通过模型辅助进行机电支吊架受力分析，优化支吊架选型。对所有钢筋按照图纸、图集进行建模，由模型导出钢筋工程量，辅助资源计划和调度。基于深化模型开展全专业综合出图，以模型切图对设计图进行补充。模型深化有一套严格的审批流程，模型先在施工班组、施工单位各业务部门内自审，自审合格后，提交设计、监理、BIM咨询和造价咨询进行审核，并提交审批，审批合格后下发施工单位按模型组织施工，通过BIM模型串联起各相关方，达到全参与（图4-59）。

（2）BIM数字孪生建造

项目实施数字孪生交付原则，现场严格按模施工、按模验收、按模计量，虚拟世界（模型）与物理世界（现场）数据双拟合，打造数字孪生机场，实现数字孪生交付。从审批合格的BIM模型切出图纸，作为现场施工的依据，BIM图纸精细化较高，规避了不确定性造成的偏差和错误。施工前，由BIM负责人组织BIM模型交底，对重要的技术参数、技术细节、设计变更点等重点内容进行交底。特别是设计变更，图纸上没标明的技术细节以及图集的细度达不到的部分，由交底人重点交底，形成BIM模型信息的闭合。在深化设计

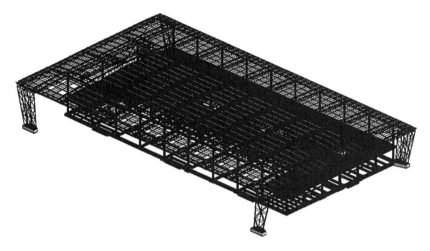

图4-59　BIM结构模型

环节深度看图参与深化设计，在BIM交底环节深度理解模型，执行模型信息。项目部在施工过程中及工序验收时，使用模型组织按摸施工检查，监理及业主单位组织按摸施工验收，对按摸施工合格项才允许计量。

（3）BIM质量验评

结合施工验收规范，在BIM质量验评平台创建质量验评系统中的单位工程（子单位）、分部分项、检验批，各工序经监理单位复核后，将BIM模型构件包挂接到相应检验批内，经监理审批后启动相应工序流程。根据现场施工进度及时对各专业过程进行质量把控与质量验收，施工数据、现场验收照片、检测报告等上传至对应工序指标内。工序、检验批完成后提交监理审核，审核合格后质量验评流程结束。通过质量验评系统实现了清单化的工程管理，没有一个关键环节被遗漏，并且确保每一个环节都能管控到位。将施工过程中的检验、验收等各类资料与BIM模型挂接，对资料进行结构化的管理，确保对施工过程中的资料数据进行及时有序收集，直接调取相关施工信息，快速溯源有效信息。

验收过程中，对钢筋、钢桁架等进行三维激光扫描，生成点云模型，并将点云模型与BIM模型进行叠加对比，核查现场施工与模型的一致性，分析实体施工的位置差异、尺寸差异、数量差异（冗余或缺失）等，例如监测钢筋分布间距、钢筋数量、桁架拼装尺寸等，确保实体质量（图4-60）。

（4）BIM计量支付

在质量验评平台上验收合格后的BIM构件便达到了计量支付条件，可进入计量支付环节。

从审批合格的BIM模型可以自动提取所有构件类型，商务人员将构件类型与工程量清单项目特征描述进行匹配检查，将模型构件类型与清单进行对应，制作模型构件类型-工程量清单匹配表，并经造价咨询及业主审批。

审批合格后，在质量验评平台继续导入模型构件类型-工程量清单匹配表，平台系统自动将工程量清单与模型构件匹配对应，并匹配上相应的清单价格，匹配完成后将结果从

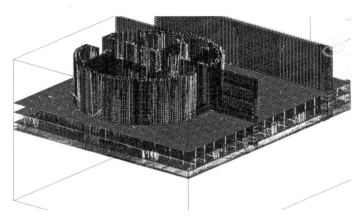

图4-60　三维扫描点云数据与模型比对图

质量验评平台推送至工程管理平台。在工程管理平台自动按清单项生成计算书，并进一步提交，发起计算书审批流程。

4.8.4　BIM应用实践总结

1. 效果总结

（1）管理效益

安全方面，利用BIM进行基于进度的风险源预识别、分析、管理、巡检，实现了安全管理的落地。

质量方面，快速创建基础数据并与现场数据需求严密配合可有效降低施工难度、减少交叉作业的返工和滞后隐患。

数据方面，采用BIM技术和协同管理平台，打通数据横、纵向传递，提高虚拟和物理世界的数据复用，极大减少现场人员的内业量，提升项目的数字化、精细化管理，激发工程建设的新模式，达到项目价值创造、管理能力提升，实现数字孪生交付。

（2）经济效益

经济方面，通过BIM深化设计提前解决了图纸"错、漏、碰、缺"等问题，对设计和施工进行优化，通过施工组织模型和施工方案模拟进行预施工，对资源配置进行优化等，从多环节使进度、资源、质量效益最大化，并减少后期运营维护的成本，从而提高经济效益。

（3）社会效益

项目先后获得2021年buildingSMART全球openBIM大赛奖施工类荣誉提名奖、中国建筑业协会第六届建设工程BIM大赛综合一类成果、中国勘察设计协会第十二届"创新杯"大赛二等成果、2021年湖北省建设工程BIM大赛一类成果、2021年"三局科创杯"武汉建筑业BIM大赛金奖等奖项。成果《鄂州花湖机场工程全生命周期BIM应用》获评中国施工企业管理协会工程建设行业信息化典型案例。

2. 方法总结

（1）应用方法的总结

借助BIM技术深度应用，打破技术、施工、商务等业务之间的信息壁垒，基于一套数字地盘，让信息在业务流程中共建共享，提高工程建设效率，促进工程建设水平。

（2）人才培养的总结

通过BIM应用推动信息化与工程建设的深度融合，培养出具有专业知识水平的BIM建模师20人，具有较高BIM水平的工程师20人，BIM实施项目经理5人。

4.8.5　BIM应用下一步计划

鄂州花湖机场项目应用BIM技术助力优化设计，助力精细施工管控，进行数字孪生建造，以BIM模型串联设计、施工、质量验评、计量支付等全业务，积累了宝贵的经验，提升了项目管理能力。下一步继续推动运维阶段深度应用BIM，实现信息在工程全生命期的流动积累，实现项目价值创造。